《基础化学》编写人员

主　　编　刘新有

副 主 编　袁世保　刘晓凤

参编人员　张彦民　华红梅　秦冬丽　姬凤玲　许昭丽
栗亚琼　樊振江　樊继征　裴艳彩

中等职业学校食品类专业“十一五”规划教材

基础化学

河南省漯河市食品工业学校组织编写
刘新有　主编
袁世保　刘晓凤　副主编

化学工业出版社
·北京·

本书是《中等职业学校食品类专业“十一五”规划教材》中的一个分册。

本书根据教育部《中等职业学校化学教学大纲（试行）》中基础模块的要求，结合中等职业学校食品类专业特点编写。主要内容有：物质结构与元素周期律、物质的量、重要非金属元素及其化合物、化学反应速率和化学平衡、电解质溶液、重要的金属及其化合物、烃及烃的衍生物、糖类、油脂和蛋白质、合成材料、化学实验。

本书除适用于中等职业学校食品类专业化学教学外，也可供其他中等职业学校及有关人员化学知识培训使用。

图书在版编目(CIP)数据

基础化学/刘新有主编．—北京：化学工业出版社，2007.7（2023.8 重印）

中等职业学校食品类专业“十一五”规划教材

ISBN 978-7-122-00552-6

Ⅰ.基…　Ⅱ.刘…　Ⅲ.化学-专业学校-教材　Ⅳ.06

中国版本图书馆 CIP 数据核字（2007）第 077547 号

责任编辑：陈　蕾　侯玉周　　文字编辑：李锦侠

责任校对：陈　静　　装帧设计：郑小红

出版发行：化学工业出版社（北京市东城区青年湖南街 13 号　邮政编码 100011）

印　　装：北京科印技术咨询服务有限公司数码印刷分部

720mm×1000mm　1/16　印张 13½　彩插 1　字数 260 千字　2023 年 8 月北京第 1 版第13次印刷

购书咨询：010-64518888　　售后服务：010-64518899

网　　址：http://www.cip.com.cn

凡购买本书，如有缺损质量问题，本社销售中心负责调换。

定　价：32.00 元

序

食品工业是关系国计民生的重要工业，也是一个国家、一个民族经济社会发展水平和人民生活质量的重要标志。经过改革开放 20 多年的快速发展，我国食品工业已成为国民经济的重要产业，在经济社会发展中具有举足轻重的地位和作用。

现代食品工业是建立在对食品原料、半成品、制成品的化学、物理、生物特性深刻认识的基础上，利用现代先进技术和装备进行加工和制造的现代工业。建设和发展现代食品工业，需要一批具有扎实基础理论和创新能力的研发者，更需要一大批具有良好素质和实践技能的从业者。顺应我国经济社会发展的需求，国务院做出了大力发展职业教育的决定，办好职业教育已成为政府和有识之士的共同愿望及责任。

河南省漯河市食品工业学校自 1997 年成立以来，紧紧围绕漯河市建设中国食品名城的战略目标，贴近市场办学、实行定向培养、开展“订单教育”，为区域经济发展培养了一批批实用技能型人才。在多年的办学实践中学校及教师深感一套实用教材的重要性，鉴于此，由学校牵头并组织相关院校一批基础知识厚实、实践能力强的教师编写了这套《中等职业学校食品类专业“十一五”规划教材》。基于适应产业发展，提升培养技能型人才的能力；工学结合、重在技能培养，提高职业教育服务就业的能力；适应企业需求、服务一线，增强职业教育服务企业的技术提升及技术创新能力的共识，经过编者的辛勤努力，此套教材将付梓出版。该套教材的内容反映了食品工业新技术、新工艺、新设备、新产品，并着力突出实用技能教育的特色，兼具科学性、先进性、适用性、实用性，是一套中职食品类专业的好教材，也是食品类专业广大从业人员及院校师生的良师益友。期望该套教材在推进我国食品类专业教育的事业上发挥积极有益的作用。

食品工程学教授、博士生导师　李元瑞

2007 年 4 月

前　言

本书根据教育部《中等职业学校化学教学大纲（试行）》中基础模块的要求，结合中等职业学校食品工艺和食品检验专业的特点编写而成。该教材以满足生产一线中等技术工人必需的化学知识及应有的化学素养为目的，充分考虑中等职业学校学生实际，本着“理论基本够用，突出技能训练，强化素质教育”的原则，努力做到结构合理，衔接自然，构建适合中职学生实际的化学教学新体系。通过本门课程的学习，使学生在初中化学的基础上，进一步深入学习和掌握化学的基础知识、基本理论和基本实验技能，提高学生的科学文化素养和适应社会的职业能力，并为继续深造学习奠定必要的基础。

本书由河南省漯河市食品工业学校的刘新有担任主编，袁世保、刘晓凤担任副主编。参加本书编写的有：刘新有、樊振江（河南省漯河市食品工业学校）（第十一章），袁世保、裴艳彩（河南省漯河市食品工业学校）（第七章、第十章），刘晓凤（第八章），许昭丽（河南省漯河市食品工业学校）（第一章），秦冬丽（河南省漯河市食品工业学校）（第二章），张彦民（河南省漯河市食品工业学校）、樊继征（舞阳中等职业技术学校）（第三章、第六章），栗亚琼（河南省漯河市食品工业学校）（第四章），华红梅（河南省漯河市第二职业高中）（第五章），姬凤玲（河南省漯河市食品工业学校）（第九章）。全书由刘新有、袁世保和刘晓凤同志修改并定稿。

在本书编写过程中，吸取了一些专家学者书中的精华，并得到化学工业出版社的指导，在此一并表示感谢。

由于编写的时间仓促，编者水平有限，书中疏漏之处在所难免，恳请同行与读者提出批评、建议和改进意见。

编者

2007 年 4 月

目　录

绪论

世界是物质的，物质是在不断变化的。化学就是以物质作为研究对象的一门自然科学，主要从原子、分子层面上研究物质的组成、结构、性质及其变化规律，从而不断认识自然、利用自然和改造自然，不断地提高人们的物质生活水平，促进社会发展。

化学起源于古代生产和文化发展较早的国家。中国是文明古国，在化学上为人类做出过巨大贡献。远在 6000 年前，我们的祖先就能烧制精美的陶器；距今约 3600 年前就能冶炼出钢；我国的火药、造纸、印刷术、指南针等伟大发明早已闻名于世；早在公元前我国就已发现并开始利用天然气。

化学是一门中心的、实用的和发展的自然科学。不仅在工业、农业和国防现代化的发展上占有非常重要的地位，而且与人们的日常生活息息相关，对提高和改善人民群众的生活质量，促进社会发展具有十分重要的作用。首先从我们的衣食住行来看，质量上乘、色泽鲜艳的衣料需要经过化学处理和印染来实现，布料使用的繁多纤维很多是由化学合成的；人们丰富多彩的食物也离不开化学的发展，如食用色素、香精、甜味剂等食品添加剂的研制和生产，促进粮食、蔬菜丰收和品质提高的化肥、农药、除草剂等的生产与发展；现代社会建筑高楼大厦所使用的材料如水泥、涂料、玻璃和塑料等都是化工产品；现代交通工具使用的汽油、煤油、柴油、防冻剂和润滑剂无一不是石油化工产品。此外，人们日常生活中使用的洗涤剂、各种化妆品以及医疗保健用品大都也是化学制剂。可以说我们生活在化学世界里，学好化学对我们今后的工作和生活都具有十分重要的意义。

怎样才能学好化学呢？最好的方法是带着兴趣去学习。虽然每个同学的基础和条件不同，但只要怀着极大的好奇心，主动发现，大胆实验，总结规律，就会在化学学习的道路上一帆风顺。另外要想学好化学，还需要注意以下几点。

① 树立信心　要充分认识学习化学的重要性，不能轻视，更不能畏难，要充分相信自己能够好学。

② 加强记忆　要学好化学，记忆是关键，化学学科中要认识了解的新东西较多，如元素的符号和化合价，物质的化学式和结构式，基本定义和定律等，不能仅满足于听懂，要在理解的基础上牢固记忆，同时多练习进一步加深理解。

③ 认识实验　化学是一门以实验为基础的科学。因此，认真做好实验，善于观察和分析实验现象，并与生活实际相联系是学好化学的必要条件。

④ 良好的思维习惯　在化学学习过程中，对遇到的现象和问题要善于动脑筋，多问几个为什么，加强思维活动，培养自己的分析推理能力，这样才能找出学好的化学的“窍门”。

第一章 物质结构与元素周期律

物质的结构决定物质的性质。物质在不同条件下表现出来的不同性质，都与它们的结构有关。为了更好地学习物质的性质及变化规律，现在需要进一步学习有关原子结构、元素周期律和化学键的基础知识。

第一节 原子结构

一、原子核

原子是由居于原子中心的带正电荷的原子核和核外带负电荷的电子构成的。原子的质量和体积都非常小，而原子核更小，它的半径仅为原子半径的几万分之一，它的体积仅占原子体积的几千亿分之一。如果假设原子是一座庞大的体育场，那么原子核只是相当于体育场中央的一只蚂蚁。所以原子内部绝大部分是“空”的，电子就在这个空间里作高速的运转。原子核虽小，但并不简单，它由更小的质子和中子两种粒子构成。现将构成原子的粒子及其性质归纳于表 1-1 中。

表 1-1 构成原子的粒子及其性质

构成原子的粒子	原子核		电子(e^-)
	质子	中子	
电性和电量 质量 相对质量	1 个质子带 1 个单位正电荷 1.673×10^{-27}kg 1.007	不带电荷 1.675×10^{-27}kg 1.008	1 个电子带 1 个单位负电荷 9.109×10^{-31}kg 1/1836

由于核电荷数是由质子数决定的，而原子核带的电量跟核外电子的电量相等而电性相反，因此原子作为一个整体不显电性。

核电荷数(z)＝核内质子数＝核外电子数

由于电子的质量很小，所以，原子的质量主要集中在原子核上。而质子、中子的质量也比较小，计算和使用不方便，因此，通常使用它们的相对质量。

$$\text{微粒的相对质量}=\frac{\text{微粒的实际质量}}{^{12}\text{C 原子质量的 }1/12}$$

质子和中子的相对质量的近似整数值都为 1。如果忽略电子的质量，将原子核内所有的质子和中子的相对质量取近似整数值加起来所得的数值，叫做质量数，用

符号 A 表示，Z 为原子核内质子数，中子数用符号 N 表示。则：

$$A=Z+N$$

因此，只要知道上述三个数值中的任意两个，就可以推算出另一个值来。例如，知道钠原子的核电荷数为 11，质量数为 23，则钠原子的中子数=23－11=12。又如，知道氯原子的核电荷数为 17，质量数为 35，则氯原子的中子数=35－17=18。

归纳起来，如果以 ${}^{A}_{Z}X$ 代表一个质量数为 A，质子数为 Z 的原子，那么构成原子的粒子之间的关系可以表示如下：

$$原子({}^{A}_{Z}X)\begin{cases}原子核\begin{cases}质子\ Z\ 个\\中子(A-Z)个\end{cases}\\核外电子\ Z\ 个\end{cases}$$

二、核外电子排布规律

电子在原子核外的空间内作高速运动，其运动规律跟一般物体不同。在含有多个电子的原子里，我们已经知道电子的能量并不相同，能量较低的在离核近的区域运动，能量较高的在离核远的区域运动。这些“区域”就像田径场的跑道一样依次排列，我们把这些核外电子运动的不同区域看成不同的电子层，并用 n 表示。**从内到外的电子层**，n=1、2、3、4、5、6、7，**也可分别称为 K、L、M、N、O、P、Q 层**。离核最近的叫第一电子层，也叫 K 电子层，第二电子层也称 L 电子层，n 值越大，说明电子离核越远，能量也就越高。

那么，电子是按什么规律分层排布的呢？每个电子层最多可以排布多少个电子呢？为了解决这个问题，我们首先研究一下稀有气体元素原子核外电子排布的情况。

表 1-2　稀有气体元素原子核外电子排布

核电荷数	元素名称	元素符号	各电子层的电子数					
			K	L	M	N	O	P
2	氦	He	2					
10	氖	Ne	2	8				
18	氩	Ar	2	8	8			
36	氪	Kr	2	8	18	8		
54	氙	Xe	2	8	18	18	8	
86	氡	Rn	2	8	18	32	18	8

从表 1-2 中不难看出，电子在排布时一般尽可能先排布在能量低的电子层里，即先排布 K 层，K 层排满后，再排 L 层，以此类推。而且不难看出，K 层、L 层、M 层最多能排布的电子数目为 $2n^2$ 个。科学研究得出核外电子排布规律见表 1-3。

表 1-3　核外电子排布规律

序号	排布规律
1	K 层最多能容纳的电子数为 2 个
2	L 层最多能容纳的电子数为 8 个
3	第 n 层最多能容纳的电子数为 $2n^2$ 个
4	最外层的电子数不超过 8 个，K 层为最外层时不超过 2 个
5	次外层的电子数不超过 18 个，倒数第三层的电子数不超过 32 个

讨论：根据表 1-2、表 1-3 得出的结论，讨论核电荷数为 1～18 的元素原子核外电子的排布情况，并将讨论的结果填入表 1-4 中。

表 1-4　核电荷数为 1～18 的元素原子核外电子的排布

核电荷数	元素名称	元素符号	各电子层的电子数			
			K	L	M	N
1	氢	H				
2	氦	He				
3	锂	Li				
4	铍	Be				
5	硼	B				
6	碳	C				
7	氮	N				
8	氧	O				
9	氟	F				
10	氖	Ne				
11	钠	Na				
12	镁	Mg				
13	铝	Al				
14	硅	Si				
15	磷	P				
16	硫	S				
17	氯	Cl				
18	氩	Ar				

三、同位素

具有相同核电荷数（即质子数）的同一类原子叫做元素。也就是说，同种元素原子核中的质子数是相同的，那么，它们的中子数是否也相同呢？经过科学研究证明，中子数不一定相同。例如，氢元素原子的原子核中都含有 1 个质子，但所含的中子数不同，见表 1-5。

表 1-5　氢元素的同位素

符号	名称	俗称	质子数	中子数	核电荷数	质量数
$^{1}_{1}H$ 或 H	氕(pie)	氢	1	0	1	1
$^{2}_{1}H$ 或 D	氘(dao)	重氢	1	1	1	2
$^{3}_{1}H$ 或 T	氚(chuan)	超重氢	1	2	1	3

人们把原子里具有相同质子数和不同中子数的同一元素的不同原子互称为同位素。

许多元素都有同位素，上述表中$^{1}_{1}H$、$^{2}_{1}H$、和$^{3}_{1}H$就是氢的三种同位素，氧元素的同位素有$^{16}_{8}O$、$^{17}_{8}O$和$^{18}_{8}O$，铀元素的同位素有$^{234}_{92}U$、$^{235}_{92}U$和$^{238}_{92}U$。许多同位素在生产和研究中具有不同的用途，例如，可以利用$^{2}_{1}H$、$^{3}_{1}H$制造氢弹，$^{235}_{92}U$是制造原子弹的材料和核反应堆的燃料等。

同一元素的同位素虽然中子数不同，但核外电子数相同，所以它们的化学性质基本相同。在天然存在的某种元素里，不论是游离态还是化合态，各种同位素所占的原子比例一般是不变的。我们平常所用的某种元素的相对原子质量，就是按照各种天然同位素原子所占的一定比例计算出来的平均值。

第二节　元素周期律与元素周期表

一、元素周期律

在原子结构的学习中，已经初步了解了原子核外电子的排布规律。那么这种排布规律是否反映出元素之间存在某种关系，元素的性质是否有某种变化规律呢？

为了研究方便，人们把元素按照核电荷数由小到大的顺序给元素编号，这种编号称为元素的原子序数。我们将 1～18 号元素核外电子的排布、原子半径和主要化合价列入表 1-6 中加以讨论。

表 1-6　1～18 号元素的核外电子排布、原子半径和主要化合价

原子序数	1		2
元素名称	氢		氦
元素符号	H		He
核外电子排布	1		2
原子半径/nm	0.037		0.122
主要化合价	+1		0

续表

原子序数	3	4	5	6	7	8	9	10
元素名称	锂	铍	硼	碳	氮	氧	氟	氖
元素符号	Li	Be	B	C	N	O	F	Ne
核外电子排布	2 1	2 2	2 3	2 4	2 5	2 6	2 7	2 8
原子半径/nm	0.152	0.089	0.082	0.077	0.075	0.074	0.071	0.160
主要化合价	+1	+2	+3	+4 −4	+5 −3	−2	−1	0
原子序数	11	12	13	14	15	16	17	18
元素名称	钠	镁	铝	硅	磷	硫	氯	氩
元素符号	Na	Mg	Al	Si	P	S	Cl	Ar
核外电子排布	2 8 1	2 8 2	2 8 3	2 8 4	2 8 5	2 8 6	2 8 7	2 8 8
原子半径/nm	0.186	0.160	0.143	0.117	0.110	0.102	0.099	0.191
主要化合价	+1	+2	+3	+4 −4	+5 −3	+6 −2	+7 −1	0

1. 核外电子排布的周期

讨论：依据表 1-6，讨论每一横行随着原子序数的递增，原子的核外电子排布有什么规律性变化，并总结出规律，填入表 1-7 中。

表 1-7　随原子序数的递增，核外电子排布的变化规律

原子序数	电子层数	最外层电子数	稳定结构时的最外层电子数	结　　论
1～2	1	从 1～2	2	随着原子序数的递增，元素原子的最外层电子数呈现______变化规律
3～10	2	从		
11～18	3	从		

2. 原子半径的周期性变化

讨论：依据表 1-6，讨论每一横行随着原子序数的递增，原子半径有什么规律性的变化（稀有气体除外），并总结出规律，填入表 1-8 中。

表 1-8　随原子序数的递增，原子半径的变化规律

原子序数	原子半径的变化规律	结　论
3～9	0.152nm ⟶ 0.071nm 原子半径由大变小	随着原子序数的递增，元素原子的半径呈现______的变化规律
11～17		

3. 元素主要化合价的周期性变化

讨论：依据表 1-6，讨论每一横行随着原子序数的递增，元素的主要化合价有什么规律性变化，并总结出规律，填入表 1-9 中。

表 1-9　随原子序数的递增，元素化合价的变化规律

原子序数	主要化合价的变化规律	结　论
1～2	+1 ⟶ 0	随着原子序数的递增，元素化合价呈现______的变化规律
3～10	+1，+2，+3，+4，+5 −4，−3，−2，−1，0	
11～18		

通过上面的探究，总结，我们可以归纳出一条重要规律，就是元素的性质随着原子序数的递增而呈周期性的变化。这个规律叫做元素周期律。

元素周期律于 1896 年由俄国化学家门捷列夫发现。

二、元素周期表

根据元素周期律，把现在已发现的一百多种元素，按电子层数相同的从左到右排成同一横行，把不同横行中最外层电子数相同的由上而下排成同一纵行，这样就可以得到一个表，这个表就叫做元素周期表（见书末彩色插页）。元素周期表是元素周期律的具体表现形式，是我们学习化学的重要工具。

1. 周期表的结构

（1）周期　我们把元素周期表的横行称为周期，元素周期表共有 7 个横行，也就是 7 个周期。

短周期：第一、二、三周期所含的元素较少，分别有 2 种、8 种、8 种，我们称为短周期。

长周期：第四、五、六周期所含的元素较多，分别有 18 种、18 种、32 种，我们称为长周期。

不完全周期：第七周期还未填满，元素有待发现，我们称为不完全周期。

元素周期表中各元素的周期序数由元素原子核外电子层数决定，即：

周期序数＝电子层数

第六周期中 57 号镧 La 到 71 号镥 Lu 共 15 种元素，它们的原子结构和性质极为相似，总称为镧系元素。第七周期中的 89 号锕 Ac 到 103 号铹 Lr 共 15 种，总称为锕系元素。为使周期表的结构紧凑，将镧系元素和锕系元素在周期表中各占一格，并按照原子序数递增的顺序，将它们分两行另列在周期表的下方。

（2）族　周期表中共有 18 个纵行，一般每一纵行为一族（只有第 8、9、10 三个纵行总称为一族），共有 16 个族。

主族：是由短周期元素和长周期元素共同构成的。表中共有 7 个主族，用符号“A”表示元素的主族序数，由最外层电子数决定，即：

主族序数＝最外层电子数

副族：是完全由长周期元素构成的。表中共有 7 个副族，用符号“B”表示。

第Ⅷ族：周期表中第Ⅷ族也只有 1 个，包括第 8、9、10 三个纵行的元素用“Ⅷ”表示。

零族：表中最右边一纵行是稀有气体元素。它们的最外层电子已经达到饱和，在通常状况下难以与其他物质发生化学反应，把它们的化合价看作 0，因此叫零族。

2. 元素的性质和原子结构的关系

（1）原子结构与元素的金属性和非金属的关系

① 金属性是指金属原子失去电子形成阳离子的性质。元素的金属性越强，其单质越易跟水或酸发生反应；所形成的最高价氧化物对应的水化物的碱性越强。

② 非金属性是指元素的原子获得电子形成阴离子的性质。元素的非金属性越强，其单质越易跟氢气发生反应；所形成的最高价氧化物对应的水化物的酸性越强。

我们在周期表中对金属元素和非金属元素进行分区，如果在元素周期表中沿硼、硅、砷、碲、砹跟铝、锗、锑、钋之间划一条折线，折线左下面的是金属元素，折线右上面的是非金属元素。元素的金属性和非金属性与元素在周期表中的位置有如下关系。

在同一周期，从左到右随着核电荷数的递增，原子半径逐渐减小，失电子能力逐渐减弱，得电子能力逐渐增强。也就是金属性逐渐减弱，非金属性逐渐增强，如第三周期元素的金属性 Na＞Mg＞Al，非金属性 P＜S＜Cl。

在同一主族，从上到下随着电子层数逐渐增多，原子半径逐渐增大，失电子能力逐渐增强，得电子能力逐渐减弱。所以元素的金属性逐渐增强，非金属性逐渐减弱。如第ⅠA 族元素，金属性 Li＜Na＜K，第ⅦA 族元素非金属性 F＞Cl＞Br（见表 1-10）。

副族和第Ⅷ族元素性质的变化规律比较复杂，这里不作讨论。

表 1-10　主族元素金属性和非金属性的递变规律

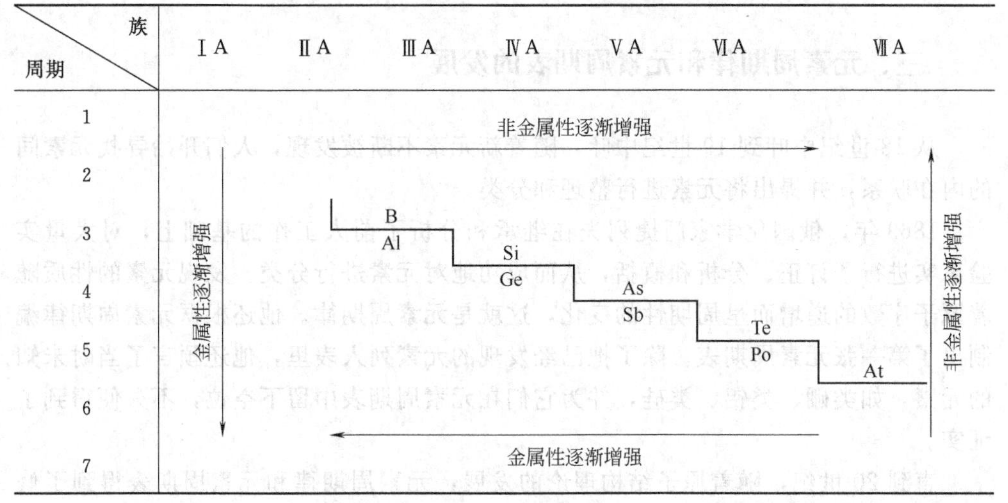

思考：在元素周期表中，哪一种元素的金属性最强？哪一种元素的非金属性最强？

(2) 原子结构与化合价的关系　通过研究，我们发现元素的化合价与原子的电子层结构，特别是最外层的电子数目有密切关系。因此我们将元素原子的最外层电子叫价电子。有些元素（副族）的化合价还与它们原子的次外层，甚至倒数第三层的部分电子有关，这部分电子也叫价电子。元素的价电子全部失去后所表现出的化合价称为最高正价，对于主族元素，因为族序数与最外层电子数相同，所以它们存在如下关系：

主族元素的最高正化合价＝主族的序数

非金属元素的负化合价＝最高正化合价－8

副族和第Ⅷ族元素的化合价比较复杂，这里就不讨论了。

从上述分析我们得出：原子结构决定元素的性质，而元素在周期表中的位置反映了元素的原子结构和它的一定性质。所以，原子结构、元素性质和该元素在周期表中的位置三者之间存在着密切的关系。我们可以根据元素在周期表中的位置，推断出它的原子结构和性质，反之，也可以根据元素的原子结构，推断出它在元素周期表中的位置和性质。

例如，已知某元素的原子序数为 11，推断该元素在周期表中的位置。

根据元素原子核外电子排布规律，我们知道元素的原子结构示意图为 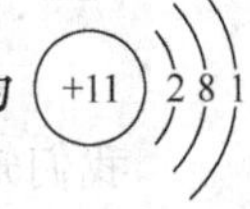

因为　**周期序数＝电子层数**

主族序数＝最外层电子数

所以　该元素位于第三周期、第一主族即ⅠA族。

三、元素周期律和元素周期表的发展

从18世纪中叶到19世纪中叶，随着新元素不断被发现，人们开始寻找元素间的内在联系，并提出将元素进行整理和分类。

1869年，俄国化学家门捷列夫在继承和分析了前人工作的基础上，对大量实验事实进行了订正、分析和概括，从而成功地对元素进行分类。发现元素的性质随着原子序数的递增而呈周期性的变化，这就是元素周期律。他还根据元素周期律编制出了第一张元素周期表。除了把已经发现的元素列入表里，他还预言了当时未知的元素，如类硼、类铝、类硅，并为它们在元素周期表中留下空位，不久便得到了证实。

直到20世纪，随着原子结构理论的发展，元素周期律和元素周期表得到了修正和改进，逐渐发展为现在的形式。元素周期律和元素周期表的编制对化学的发展、研究有很大影响。

元素周期表是元素周期律的具体表现形式，它反映了元素之间的内在联系。我们可以充分利用元素的原子结构、它在元素周期表中的位置及它的性质三者之间的关系，来帮助我们对化学进行学习和研究。不仅如此，元素周期律和元素周期表为新元素的发现及预测它们的原子结构和性质也提供了线索。

元素周期律和元素周期表对工农业生产和发展也具有很大的指导作用。

第三节　化　学　键

我们已经发现和合成了近两千万种物质，为什么仅有一百多种元素的原子能够形成这么多的物质呢？原子和原子之间是怎样形成分子的呢？化合物中原子为什么总是按一定的方式相结合呢？

原子和原子能够相互结合在一起，它们之间一定存在某种相互作用力。我们将分子中相邻的两个或多个原子之间强烈的相互作用称为化学键。

本节我们将在原子结构及元素周期律知识的基础上学习化学键的初步知识。

一、离子键

我们知道，金属钠可以在氯气中燃烧，发生剧烈反应，生成白色的氯化钠颗粒。

$$2Na+Cl_2 = 2NaCl$$

在钠跟氯气反应时，钠原子的最外层有 1 个电子，容易失去，从而形成了带正电荷的钠离子（Na^+）。而氯原子的最外层有 7 个电子，容易得到 1 个电子，从而形成了带负电荷的氯离子（Cl^-），这两种带有相反电荷的离子通过静电作用，形成了稳定的化合物（见表 1-11）。像氯化钠这样，**使阴离子和阳离子结合成化合物的静电作用，叫做离子键**。由离子键结合而成的化合物称为离子化合物。活泼的金属（如钾、钠、钙、镁等）与活泼的非金属（如氯、氧、溴等）化合时，都能形成离子键。

表 1-11 氯化钠的形成

原子结构示意图	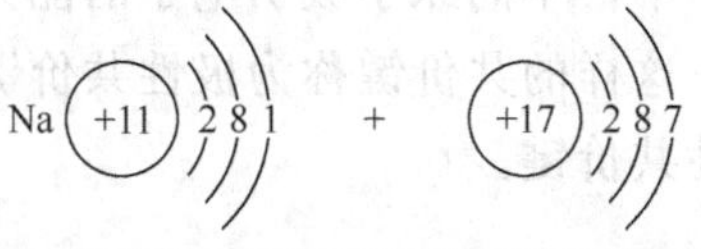 Na (+11) 2 8 1 + (+17) 2 8 7
	↓ 失去 1 个电子 e^- ↓ 得到 1 个电子 e^-
氯化钠形成过程	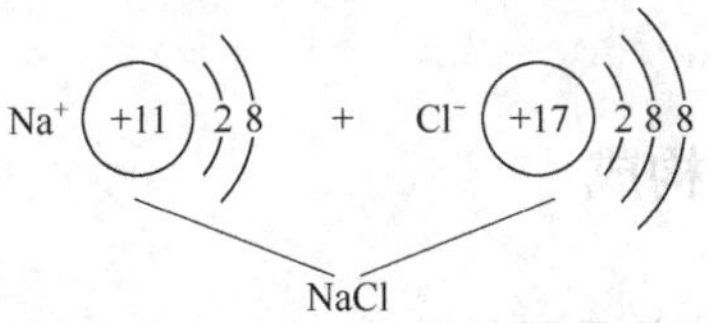 Na^+ (+11) 2 8 + Cl^- (+17) 2 8 8 → NaCl

在化学反应中，一般都是原子的最外层电子参与反应，为了描述方便，我们可以在元素符号周围用小黑点（或×）来表示原子的最外层电子，这种式子叫做电子式。

例如，Na、Mg、H、Ca 原子的电子式如下：

$$Na\cdot \quad \cdot Mg\cdot \quad H\times \quad \cdot Ca\cdot$$

我们也可以用电子式表示物质的形成过程，例如，离子化合物氯化钠的形成过程：

$$Na\cdot + :\ddot{\underset{..}{Cl}}\cdot \longrightarrow Na^+[:\ddot{\underset{..}{Cl}}:]^-$$

二、共价键

活泼的金属与活泼的非金属化合时能形成离子键，那么非金属之间相互化合时的情况又如何呢？例如，我们知道的 Cl_2 与 H_2 反应生成 HCl 的过程中，电子不是从一个原子转移到另一个原子，而是各提供 1 个电子，组成 1 个共用电子对，使 2 个原子的电子层都达到稳定结构。

HCl 分子的形成过程中可用电子式表示如下：

$$H\cdot + \times\overset{\times\times}{\underset{\times\times}{Cl}}\times \longrightarrow H\dot{\times}\overset{\times\times}{\underset{\times\times}{Cl}}\times$$

像 HCl 分子这样，原子间通过共用电子对所形成的相互作用，叫做共价键。由共价键结合而成的化合物称为共价化合物。如 H_2O，CO_2 等。

许多单质分子，如 H_2、Cl_2、O_2 等，也是通过共价键形成的，如

$$H\cdot + \cdot H \longrightarrow H{:}H$$

$$\cdot\ddot{\underset{\cdot\cdot}{Cl}}\cdot + \cdot\ddot{\underset{\cdot\cdot}{Cl}}\cdot \longrightarrow \ddot{\underset{\cdot\cdot}{Cl}}{:}\ddot{\underset{\cdot\cdot}{Cl}}$$

在化学上常用一根短线表示一对电子，因此，氢分子、氯分子又可表示为 H—H，Cl—Cl。

在单质分子中，由于同种原子吸引电子的能力相同，共用电子对不偏向任何一个原子，这样的共价键称为非极性共价键。例如，H_2、Cl_2 等分子中的共价键是非极性共价键。

在化合物分子中，不同原子吸引电子的能力不同，共用电子对偏向于吸引电子能力较强的一方，这样的共价键称为极性共价键。例如，HCl、H_2O、CO_2 等分子中的共价键是极性共价键。

本 章 小 结

一、原子的构成

1. 构成原子的粒子间的关系

$$原子(^{A}_{Z}X)\begin{cases}原子核\begin{cases}质子\ Z\ 个\\中子(A-Z)个\end{cases}\\核外电子\ Z\ 个\end{cases}$$

原子序数＝核电荷数(Z)＝核内质子数＝核外电子数

质量数(A)＝质子数(Z)＋中子数(N)

2. 核外电子的排布

① 在多电子原子中，核外电子总是尽先排布在能量最低的电子层里，然后由里往外，依次排布在能量逐步升高的电子层里。

② 各电子层最多容纳的电子数为 $2n^2$ 个，最外层不超过 8 个（K 层不超过 2 个），次外层不超过 18 个，倒数第三层不超过 32 个。

3. 同位素

质子数相同，而中子数不同的同种元素的不同原子互称为同位素。

二、元素周期律和元素周期表

1. 元素周期律

元素的性质随着原子序数的递增而呈现周期性的变化。元素周期律主要表现在元素原子核外电子排布、原子半径、元素的主要化合价、金属性及非金属性的周期

性变化。

2. 元素周期表

元素周期表中的横行称为周期。

周期 ⎨ 周期序数＝电子层数
短周期：第一、二、三周期
长周期：第四、五、六周期
不完全周期：第七周期

同周期元素性质变化规律：从左到右，元素的金属性逐渐减弱，非金属性逐渐增强（稀有气体除外）。

元素周期的纵行称为族。

主族序数＝最外层电子数

族 ⎨ 主族：7个，用“A”表示
副族：7个，用“B”表示
零族：1个，稀有气体元素
第Ⅷ族：1个，由第八、九、十这3个纵行组成

同主族元素性质变化规律：从上到下，元素的金属性逐渐增强，非金属性逐渐减弱。

三、化学键

1. 化学键

分子中相邻的两个或多个原子之间强烈的相互作用。

2. 化学键的类型

(1) 离子键　使阴离子和阳离子结合成化合物的静电作用叫离子键。如 NaCl 分子中。

(2) 共价键　分子中相邻原子间通过共用电子对所形成的相互作用叫共价键。如 H_2、HCl 分子中。

① 非极性共价键　共用电子对不偏移的共价键。如 H_2、Cl_2、N_2 等单质分子中。

② 极性共价键　共用电子对有偏移的共价键。如 HCl、H_2O、CO_2 等化合物分子中。

复　习　题

一、填空题

1. 填表

元素名称	元素符号	核内质子数	核外电子数	原子结构示意图
		2		
碳				
	O			
			12	
硅				
				(+15) 2 8 5
		17		
	K			

2. 用于核裂变的钚同位素 $^{239}_{94}Pu$，核内有______个质子，核内有______个中子。中性钚原子有______个电子。

3. 1992 年我国的科研机构发现了 3 种元素的同位素，其中一种是 $^{208}_{80}Hg$，它的中子数是______。

4. 元素周期表中的横行称为______，共有______横行即______个周期。

5. 元素周期表中，除第一周期和第七周期外，每一周期的元素都是从______元素开始，到______元素结束。

6. 同周期的主族元素，从左到右原子半径逐渐______，失电子能力逐渐______，得电子能力逐渐______，金属性逐渐______，非金属性逐渐______。

7. 同一主族元素，从上到下原子半径逐渐______，失电子能力逐渐______，得电子能力逐渐______，金属性逐渐______，非金属性逐渐______。

8. 某元素的原子结构示意图为 (+16) 2 8 6，该元素在周期表中位于______周期______族，最高正价为______，负化合价为______，最高价氧化物的化学式为______。

9. $^{32}_{16}S$ 原子含有______个质子，______个中子，______个电子。它的质量数等于______，原子结构示意图为______。

二、选择题

1. 下列各组物质中互为同位素的是（　　）。

A. 石墨和金刚石　B. 河水和海水　C. 纯碱和烧碱　D. $^{12}_{6}C$和$^{13}_{6}C$

2. 下列关于$^{35}_{17}Cl$的叙述中错误的是（　）。

A. 质子数为17　B. 电子数为17　C. 中子数为17　D. 质量数为35

3. 某一价阴离子，核外有18个电子，质量数为35，中子数为（　）。

A. 16　B. 17　C. 18　D. 19

4. 下列分子中有4个原子和10个电子的是（　）。

A. SO_3　B. H_2O　C. NH_3　D. HF

5. 下列元素中最高正化合价数值最大的是（　）。

A. Na　B. S　C. Cl　D. Ar

6. 原子序数为11～18的元素中，随着核外电荷数的递增而逐渐增大的是（　）。

A. 电子数　B. 化合价　C. 电子层数　D. 原子半径

7. 下列各数值表示有关元素的原子序数，其所表示的各原子组中能以离子键相互结合成稳定化合物的是（　）。

A. 18与19　B. 6与16　C. 11与17　D. 14与8

8. 下列物质中，只有离子键的是（　）。

A. NaOH　B. NaCl　C. Cl_2　D. H_2O

9. 下列物质中，既有离子键，又有共价键的是（　）。

A. H_2S　B. $MgCl_2$　C. KOH　D. Cl_2

10. 下列叙述中正确的是（　）。

A. 化学键是相邻的原子之间强烈的相互作用

B. 化学键只存在于分子之间

C. 化学键只存在于离子之间

D. 化学键是相邻的分子之间强烈的相互作用

三、判断题

1. 不同种类的原子，其质量数一定都不相同。（　）
2. 元素的相对原子质量和原子的质量数完全相等。（　）
3. 构成原子的各种粒子都带电荷，但原子不显电性。（　）
4. 凡是核外电子数相同的粒子，都是同一种元素的原子。（　）
5. 任何元素的原子都是由质子、中子和核外电子组成的。（　）

四、简答题

1. 简述原子的构成。

2. 人们已经发现了115种元素，是否就是发现了115种原子？

3. 已知元素A、B、C、D的原子序数分别为6、8、12、17。

(1) 分别写出它们的元素名称和符号。

(2) 不看元素周期表，推断它们分别位于哪一周期，哪一族。

4. 根据元素在周期表中的位置，判断下列各组化合物的水溶液，哪个酸性较强？哪个碱性较强？

(1) H_2CO_3 和 HBO_3　　(2) H_3PO_4 和 HNO_3

(3) $Mg(OH)_2$ 和 $Al(OH)_3$　　(4) NaOH 和 KOH

5. 举例说明离子键与共价键的异同。

6. 稀有气体为什么不能形成双原子分子？

五、用电子式表示下列物质的形成过程

1. KCl　2. H_2O　3. N_2

第二章 物质的量

在初中化学和第一章中，我们不仅学习了原子、分子、离子等构成物质的粒子，还学习了一些常见物质之间的化学反应。通过这些知识的学习，使我们认识到物质之间所发生的化学反应，是由肉眼看不到的原子、分子或离子之间按一定的数目关系进行的，因此也是以可称量的物质之间按一定的质量关系进行的。我们在实验室里做化学实验时所取用的药品，都是可以用称量器具称量的；在化工生产中，物质的用量就更大了，常以千克计。因此，在原子、分子、离子与可称量的物质之间一定存在着某种联系。那么，它们之间是通过什么建立起联系的呢？科学上是采用“物质的量”这样一个物理量把一定数目的原子、分子或离子等微观粒子与可称量的物质联系起来的。

第一节 物质的量的基本概念

一、摩尔

在日常生产、生活和科学研究中，人们常常根据不同的需要使用不同的计量单位。例如，用千米、米、分米、厘米、毫米等来计量长度；用年、月、日、时、分、秒等来计量时间；用千克、克、毫克等来计量质量。1971 年，在第十四届国际计量大会上决定用摩尔为计量原子、分子或离子等微观粒子的“物质的量”的单位。

物质的量是表示物质所含微粒数目多少的一个物理量，符号为 n。科学实验表明，在 0.012kg ^{12}C 中所含有的碳原子数约为 6.02×10^{23} 个，**如果在一定量的某粒子集体中所含有的粒子数与 0.012kg ^{12}C 中所含有的碳原子数相同，我们就说该粒子集体物质的量为 1 摩尔，摩尔简称摩，符号为 mol。**

例如，1mol O 中约含有 6.02×10^{23} 个 O（原子）；

1mol H_2O 中约含有 6.02×10^{23} 个 H_2O（分子）；

1mol OH^- 中约含有 6.02×10^{23} 个 OH^-（离子）。

1mol **任何物质所含有的基本粒子数叫做阿伏伽德罗常数。**阿伏伽德罗常数的符号为 N_A，通常使用 6.02×10^{23}/mol 作为它的近似值。

物质的量（n）、阿伏伽德罗常数（N_A）与粒子数（N）之间存在着下述关系：

$$n=\frac{N}{N_A}$$

从上式可以看出，物质的量是粒子数与阿伏伽德罗常数之比，即某一粒子集体的物质的量就是这个粒子集体中的粒子数与阿伏伽德罗常数之比。例如，3.01×10^{23}个 O_2 的物质的量为 0.5mol。

粒子集体中的粒子既可以是分子、原子，也可以是离子或电子等。我们在使用摩尔表示物质的量时，应该用化学式指明粒子的种类，如 0.5mol Cl_2，0.1mol N_2，2mol H^+ 等。

二、摩尔质量

1mol 不同物质中所含的基本粒子个数虽然相同，但由于不同粒子的质量不同，因此，1mol 不同物质的质量也是不同的。

我们知道，1mol^{12}C 的质量是 0.012kg，即 6.02×10^{23} 个^{12}C 的质量之和是 0.012kg。利用 **1mol 任何粒子集体中都含有相同数目的粒子**这个关系，我们就可以推算出 1mol 任何粒子的质量。

例如，1 个^{12}C 与 1 个^{1}H 的质量比约为 12∶1，1mol^{12}C 与 1mol ^{1}H 含有的原子数目相同，因此，1mol ^{12}C 与 1mol ^{1}H 的质量比也约为 12∶1。而 1mol ^{12}C 的质量是 12g，所以，1mol^{1}H 的质量就是 1g。

同样地，我们可以推知：1mol O 的质量为 16g，1mol Na 的质量为 23g，1mol O_2 的质量为 32g，1mol NaCl 的质量为 58.5g 等。

对于离子来说，由于电子的质量很小，当原子得到或失去电子变成离子时，电子的质量可忽略不计。因此，1mol Na^+ 的质量为 23g，1mol Cl^- 的质量为 35.5g，1mol SO_4^{2-} 的质量为 96g。

通过上述分析，我们可以看出，**如果 1mol 任何粒子或物质的质量以克为单位时，在数值上都与该粒子的相对原子质量或相对分子质量相等。我们将单位物质的量的物质所具有的质量叫做该物质的摩尔质量**。也就是说，物质的摩尔质量是该物质的质量与该物质的物质的量之比。摩尔质量的符号为 M，常用的单位为 g/mol 或 kg/mol。

例如，Na 的摩尔质量为 23g/mol；

NaCl 的摩尔质量为 58.5g/mol；

NO_3^- 的摩尔质量为 62g/mol。

物质的量（n）、物质的质量（m）和物质的摩尔质量（M）之间存在着下面的关系：

$$n=\frac{m}{M}$$

当我们知道了上述关系式中的任意两个量时，就可以求出另外一个量。

课堂练习

1. 利用摩尔质量（M）进行计算

例题 1　2.8g CO 的物质的量是多少？

解：已知　$M(CO)=28g/mol$　$m(CO)=2.8g$

$$n(CO)=\frac{m}{M}=\frac{2.8g}{28g/mol}=0.1mol$$

答：2.8g CO 的物质的量是 0.1mol。

例题 2　5mol H_2O 的质量是多少克？

解：已知 $M(H_2O)=18g/mol$　$n(H_2O)=5mol$

$$m(H_2O)=n(H_2O)\cdot M(H_2O)=5mol\times18g/mol=90g$$

答：5mol H_2O 的质量是 90g。

例题 3　0.22g CO_2 里含有多少个 CO_2 分子？

解：已知 $M(CO_2)=44g/mol$　$m(CO_2)=0.22g$

1mol CO_2 所含分子数$=N_A\approx6.02\times10^{23}$

则
$$n(CO_2)=\frac{0.22g}{44g/mol}=0.005mol$$

$$N(CO_2)=n(CO_2)\cdot N_A$$
$$=0.005mol\times6.02\times10^{23}/mol$$
$$=3.01\times10^{21}$$

答：0.22g CO_2 里含有 3.01×10^{21} 个 CO_2 分子。

例题 4　0.5mol $KClO_3$ 里含有多少摩尔的 K^+、Cl 和 O？多少克 $KClO_3$ 里含有 1mol O？

解：根据化学式 $KClO_3$ 可知：

1mol $KClO_3$ 含 1mol K^+、1mol Cl、3mol O

那么，0.5mol $KClO_3$ 分子里含 0.5mol K^+、0.5mol Cl、1.5mol O。又由 $KClO_3$ 的组成知：1mol $KClO_3$ 含 3mol O，则

$$1:3=n(KClO_3):1$$

$$n(KClO_3)=\frac{1\times1}{3}=\frac{1}{3}(mol)$$

$$m(KClO_3)=n(KClO_3)\cdot M(KClO_3)$$
$$=\frac{1}{3}mol\times122.5g/mol=40.83g$$

答：0.5mol $KClO_3$ 里含有 0.5mol 的 K^+，0.5mol Cl 和 1.5mol O；40.83g $KClO_3$ 里含有 1mol O。

2. 利用化学方程式进行计算

物质的量的引入也为化学方程式中数量关系增加了新的意义。

例如：

$$Fe_2O_3+3CO \xlongequal{高温} 2Fe+3CO_2$$

微粒数之比：	1	：	3	：	2	：	3
质量之比：	160	：	84	：	112	：	132
物质的量之比：	1	：	3	：	2	：	3

例题 5 将 120g NaOH 完全中和，需要 H_2SO_4 多少摩尔？

解：

$$n(NaOH)=\frac{m(NaOH)}{M(NaOH)}=\frac{120g}{40g/mol}=3mol$$

根据化学方程式：

$$2NaOH+H_2SO_4 \xlongequal{} Na_2SO_4+2H_2O$$

2mol　　1mol

3mol　　$n(H_2SO_4)$

$$2mol:1mol=3mol:n(H_2SO_4)$$

$$n(H_2SO_4)=\frac{3mol\times 1mol}{2mol}=1.5mol$$

答： 将 120g NaOH 完全中和，需要 1.5mol H_2SO_4。

例题 6 多少克 $CaCO_3$ 与足量盐酸反应，能产生 4mol 的 CO_2？

解： 根据化学方程式

$$CaCO_3+2HCl \xlongequal{} CaCl_2+H_2O+CO_2\uparrow$$

1mol　　　　1mol

$n(CaCO_3)$　　4mol

$$1mol:1mol=n(CaCO_3):4mol$$

$$n(CaCO_3)=4mol$$

$$m(CaCO_3)=n(CaCO_3)\cdot M(CaCO_3)=4mol\times 100g/mol=400g$$

答： 400g $CaCO_3$ 与足量盐酸反应，能产生 4mol 的 CO_2。

第二节　气体摩尔体积

物质的体积大小主要是由微粒数目的多少、微粒间的距离和微粒本身的大小决定的。对于固态物质或液态物质来说，微粒间的距离是很小的，当微粒数一定时，固态物质和液态物质的体积主要取决于原子、分子或离子等微粒本身的大小，因此 1mol 各种物质的体积是不相同的。例如，20℃时经实验测得：1mol 铁的体积是 7.1cm^3，1mol 铝的体积是 10cm^3，1mol 铅的体积是 18.3cm^3，如图 2-1 所示。

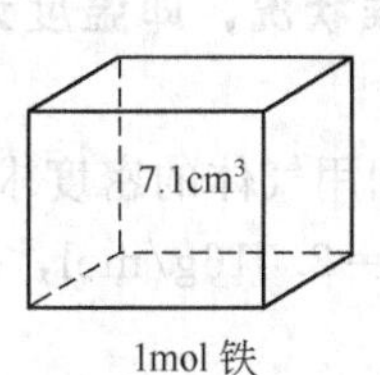

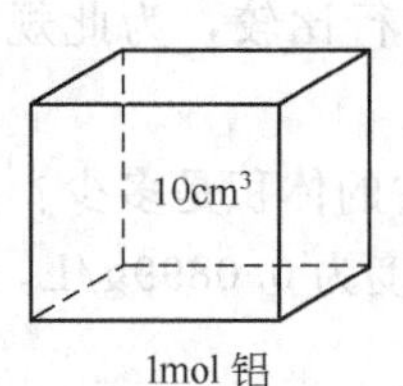

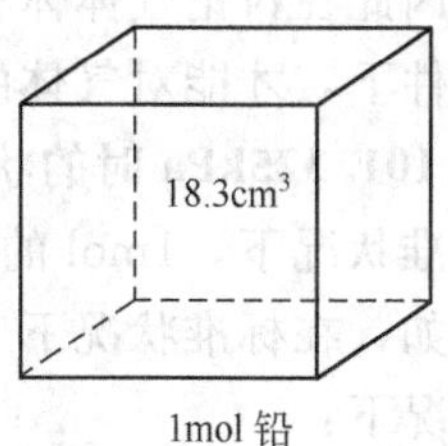

图 2-1　20℃时 1mol 铁、铝、铅的体积示意图

又如，1mol 水的体积是 $18.0cm^3$，1mol 纯硫酸的体积是 $54.1cm^3$，1mol 蔗糖的体积是 $215.5cm^3$，如图 2-2 所示。

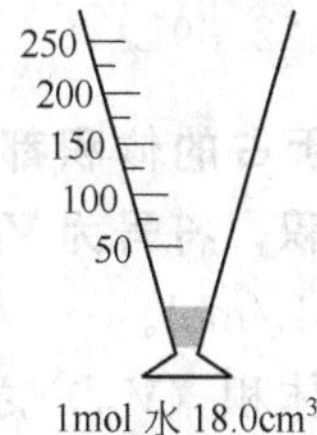

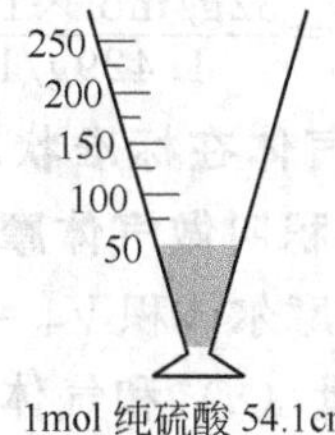

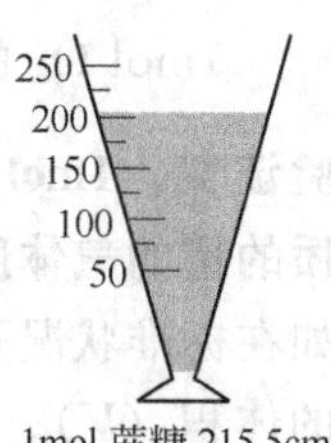

图 2-2　20℃时 1mol 水、纯硫酸、蔗糖的体积示意图

对于气态物质来说，微粒间的距离要比固态物质或液态物质微粒间的距离大得多，原子、分子或离子等微粒体积很小，如果忽略不计的话，气体物质体积的大小，主要取决于微粒间的距离。如同 27 个网球与 27 个乒乓球，各自堆积在一起，显然网球堆积的体积比乒乓球堆积的体积大，球本身的体积大小起决定作用；如果各自以球心距离为 1m 的间隔分散开，那么，27 个网球和 27 个乒乓球所占的体积大致相同，此时球之间的距离便成为决定因素，如图 2-3 所示。

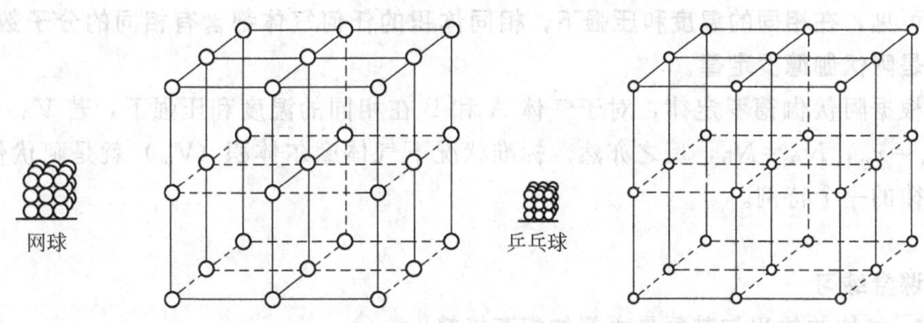

图 2-3　气态物质体积结构模拟示意图

科学研究表明气体物质的体积与温度和压强有关。温度升高，分子间距离增大。例如，打足了气的自行车胎夏天在烈日的暴晒下会自行爆破，是因为其中的气体在吸收太阳热能后温度升高，分子间距离加大，体积增大。压强增大，若分子间的距离缩小，随之体积也将减小。又如，可以把上百升的氧气加压压缩后储存在钢

瓶中。因此在讨论气体体积时要考虑它所处的温度和压强，只有在相同温度和相同压强条件下，才能对气体的体积进行比较，为此规定了**标准状况，即温度为0℃，压强为101.325kPa时的状况。**

标准状况下，1mol 的气体所占的体积是多少？这可以利用气体的密度求出。

例如，在标准状况下 H_2 的密度为 0.0899g/L，$M(H_2)=2.016g/mol$，因此在标准状况下：

$$1mol\ H_2\ 的体积\ V=\frac{2.016g/mol\times 1mol}{0.089g/L}=22.4L$$

在标准状况下 O_2 的密度为 1.429g/L，$M(O_2)=32g/mol$，因此在标准状况下：

$$1mol\ O_2\ 的体积\ V=\frac{32g/mol\times 1mol}{1.429g/L}=22.39L$$

大量的实验证实，1mol 的任何气体在标准状况下所占的体积都约为 22.4L。我们把单位物质的量的气体所占的体积叫做气体摩尔体积，符号为 V_m，常用单位为 L/mol。例如在标准状况下，气体摩尔体积 $V_m=22.4L/mol$。

气体物质的体积（V）、物质的量（n）和气体摩尔体积（V_m）之间存在着以下关系：

$$V=nV_m$$

1mol 任何气体在标准状况下所占的体积都约是 22.4L，反过来在标准状况下体积为 22.4L 的任何气体其物质的量都约为 1mol，即分子数目都相同。

因为**决定气体体积大小的三要素是气体的温度、压强和分子数**，当气体的温度和压强不变时，气体体积的大小只随分子数的变化而变化，气体分子数增大，气体体积增大；气体分子数减少，气体体积减小。如果在同温同压时，两种气体的体积相同，那么它们含有的分子数就一定相同。

可见，**在相同的温度和压强下，相同体积的任何气体都含有相同的分子数目，这就是阿伏伽德罗定律。**

根据阿伏伽德罗定律，对于气体 A 和 B 在相同的温度和压强下，若 $V_A=V_B$ 则 $n_A=n_B$，$N_A=N_B$，反之亦然。标准状况下气体摩尔体积（V_m）就是阿伏伽德罗定律的一个特例。

课堂练习

1. 气体的体积与其质量之间的相互换算

例题 1　在标准状况下，33.6L CO_2 的质量是多少克？

解：
$$n=\frac{V}{V_m}=\frac{33.6L}{22.4L/mol}=1.5mol$$

则
$$\begin{aligned}m(CO_2)&=n(CO_2)\times M(CO_2)\\&=1.5mol\times 44g/mol\end{aligned}$$

$=66g$

答： 在标准状况下，33.6L O_2 的质量是 66g。

例题 2　在标准状况下，0.085kg 氨气所占的体积是多少升？

解：
$$n=\frac{m}{M}=\frac{0.085kg}{17g/mol}=\frac{0.085\times1000g}{17g/mol}=5mol$$
$$V=n\times V_m=5mol\times22.4L/mol=112L$$

答： 在标准状况下 0.085kg 氨气所占的体积为 112L。

2. 化学反应中气体物质体积的计算

例题 3　相同物质的量的镁和铝分别跟足量盐酸反应，所生成的 H_2 在标准状况下的体积比是多少？

解： 设镁和铝的物质的量都为 n，在标准状况下 Mg 与 HCl 产生的 H_2 体积为 V_1，Al 与 HCl 产生的 H_2 体积为 V_2。

根据化学方程式：　$Mg+2HCl \xlongequal{} MgCl_2+H_2\uparrow$

1mol　　　　　　22.4L

n　　　　　　　V_1

$1mol : 22.4L = n mol : V_1$

$V_1=22.4n\ L$

$2Al+6HCl \xlongequal{} 2AlCl_3+3H_2\uparrow$

2mol　　　　　　$3\times22.4L$

$n$mol　　　　　　V_2

$2mol : 3\times22.4L = n mol : V_2$

$V_2=33.6n\ L$

则
$$\frac{V_1}{V_2}=\frac{22.4n\ L}{33.6n\ L}=\frac{2}{3}$$

答： 相同物质的量的镁和铝分别跟足量盐酸反应，所生成的 H_2 在标准状况下的体积比是 2∶3。

3. 确定气体物质的相对分子质量

例题 4　在相同状况下，某气体和同体积的 H_2 质量比为 23∶1，此气体的相对分子质量是多少？

解： 设某气体质量为 m，摩尔质量为 M。

根据阿伏伽德罗定律，在相同条件下，某气体的体积与 H_2 体积相同，那么，某气体所含的分子数目必然与 H_2 所含的分子数目相同，即它们的物质的量相同。

即
$$\frac{m}{M}=\frac{m(H_2)}{M(H_2)}=\frac{m(H_2)}{2g/mol}\quad 则\quad M=2g/mol\times\frac{m}{m(H_2)}$$

已知：
$$\frac{m}{m(H_2)}=\frac{23}{1}$$

$$M=2\text{g/mol}\times\frac{m}{m(H_2)}$$

$$=2\text{g/mol}\times\frac{23}{1}=46\text{g/mol}$$

根据物质的摩尔质量以 g/mol 为单位时，在数值上与该物质的化学式式量相等，可知这种气体的相对分子质量应为 46。

答：这种气体的相对分子质量是 46。

第三节　物质的量浓度

在生产、生活和科学实验中，我们经常要使用溶液，为了表明溶液中溶质和溶剂之间的量的关系，需要使用表示溶液组成的物理量。溶液中溶质的质量分数（w_B）就是这样一个物理量，它是以溶质的质量和溶液的质量之比来表示溶液中溶质与溶液的质量关系的。但是，我们在许多场合取用溶液时，量取溶液的体积要比称其质量更方便。同时，物质在发生化学反应时，反应物的物质的量之间存在着一定的关系，而且在计算时，利用化学反应中各物质之间的物质的量的关系要比利用它们之间的质量关系简单得多。所以，知道一定体积的溶液中含有溶质的物质的量，对于生产、生活和科学实验都是非常重要的，同时对于有溶液参加的化学反应中各物质之间的量的计算也是非常便利的。

我们在本节要学习一种常用的表示溶液组成的物理量——**物质的量浓度**。

一、物质的量浓度的概念

物质的量浓度是一个以单位体积的溶液中所含溶质的物质的量来表示的溶液浓度的物理量，符号为 c，常用单位为 mol/dm^3 或 mol/L。其数学表达式为：

$$\text{物质的量浓度}=\frac{\text{溶质的物质的量}}{\text{溶液的体积}}$$

常用公式：

$$c=\frac{n}{V}$$

按照物质的量浓度的定义，在 1L 溶液中含有 40g NaOH，那么溶质的物质的量为 1mol，由公式 $c=\frac{n}{V}$ 可知 NaOH 的物质的量浓度就是 1mol/L；如果在 2L 盐酸溶液中含 1mol 的 HCl，其物质的量浓度就是

$$c(\text{HCl})=\frac{1\text{mol}}{2\text{L}}=0.5\text{mol/L}$$

从此溶液中任意取出 a L，其中所含溶质的物质的量为

$$n=c(HCl)V=0.5mol/L\times a\ L=0.5a\ mol$$

由此得出，从某一物质的量浓度为c的溶液中，取出任意体积为V的溶液，其物质的量浓度不变，都是c，但所含溶质的物质的量因所取体积的不同而不同。

二、物质的量浓度的计算

1. 溶质的质量和溶液体积与溶液物质的量浓度之间的相互换算

例题1　将12g NaOH溶于水中，配成300mL的溶液，计算NaOH溶液的物质的量浓度。

解：已知$m(NaOH)=12g$　$V=300mL=0.3L$　$M(NaOH)=40g/mol$

$$n(NaOH)=\frac{m(NaOH)}{M(NaOH)}=\frac{12g}{40g/mol}=0.3mol$$

则
$$c(NaOH)=\frac{n}{V}=\frac{0.3mol}{0.3L}=1mol/L$$

答：NaOH的物质的量浓度为0.1mol/L。

例题2　配制0.2mol/L NaOH溶液500mL，需用NaOH多少克？

解：已知$c=0.2mol/L$，$V=500mL=0.5L$

则
$$n(NaOH)=cV=0.2mol/L\times0.5L=0.1mol$$

$$m(NaOH)=n(NaOH)M(NaOH)$$
$$=0.1mol\times40g/mol$$
$$=4g$$

答：配制0.2mol/L NaOH溶液500mL需用NaOH 4g。

由此可得出公式：
$$m=cVM=nM$$

浓溶液稀释前后，溶液体积发生了变化，但溶液中溶质的物质的量不会变化。

即
$$n=c(浓)V(浓)=c(稀)V(稀)$$

简化为
$$c_1V_1=c_2V_2$$

其中，c_1表示稀释前溶液的物质的量浓度，c_2表示稀释后溶液的物质的量浓度。

例题3　将25mL 2mol/L的硝酸稀释到0.1mol/L的硝酸时，该溶液的体积应是多少？

解：已知：$c(浓)=2mol/L$，$V(浓)=25mL=0.25L$，$c(稀)=0.1mol/L$

则
$$V(稀)=\frac{c(浓)V(浓)}{c(稀)}=\frac{2mol/L\times0.25L}{0.1mol/L}=0.5L$$

答：稀释后该硝酸的体积应是0.5L。

2. 由溶液密度和溶液的质量分数进行物质的量浓度的计算

例题4　计算密度ρ为$0.898g/cm^3$，含NH_3为28%（质量分数）的氨水的物质的量浓度。

解：根据物质的量浓度的定义，取1L即$1000cm^3$（$1cm^3=1mL$）氨水。

$$m(NH_3)=1000cm^3\times0.898g/cm^3\times28\%$$

$$n(NH_3)=\frac{m}{M}=\frac{1000cm^3\times0.898g/cm^3\times28\%}{M(NH_3)}$$

$$c(NH_3)=\frac{n}{V}=\frac{1000cm^3\times0.898g/cm^3\times28\%}{M(NH_3)\times1L}$$

$$=\frac{1000cm^3\times0.898g/cm^3\times28\%}{17g/mol\times1L}$$

$$=14.79mol/L$$

答： 氨水的物质的量浓度为 15mol/L。

由此得出公式： $c_B=\dfrac{1000\rho w_B}{M_B\times1L}$ (mol/L)

其中，B 代表溶质的化学式，w 为溶质的质量分数，ρ 为溶液的密度。

例题 5 某市售的浓盐酸，其质量分数为 37%，密度为 $1.19g/cm^3$，计算该市售浓盐酸的物质的量浓度。

解： 由公式得 $c(HCl)=\dfrac{1000\rho w(HCl)}{M(HCl)\times1L}=\dfrac{1000cm^3\times1.19g/cm^3\times37\%}{36.5g/mol\times1L}$

$$=12.06mol/L$$

答： 该盐酸的物质的量浓度为 12.06mol/L。

3. 化学反应中有关物质的量浓度的计算

例题 6 中和 0.10mol/L 的 NaOH 溶液 40mL，用去盐酸 50mL，计算此盐酸的物质的量浓度。

解： 根据化学方程式

$$NaOH+HCl=\!=\!=NaCl+H_2O$$

1mol : 1mol

$$n(NaOH)=n(HCl)$$

$$c(NaOH)V(NaOH)=c(HCl)V(HCl)$$

$$0.10mol/L\times40mL=c(HCl)\times50mL$$

$$c(HCl)=\frac{0.1mol/L\times40mL}{50mL}=0.08mol/L$$

答： 这种盐酸的物质的量浓度为 0.08mol/L。

三、一定物质的量浓度溶液的配制

(一) 用固体药品配制溶液

1. 仪器

托盘天平、量筒、烧杯、玻璃棒、容量瓶、洗瓶，如图 2-4 所示。

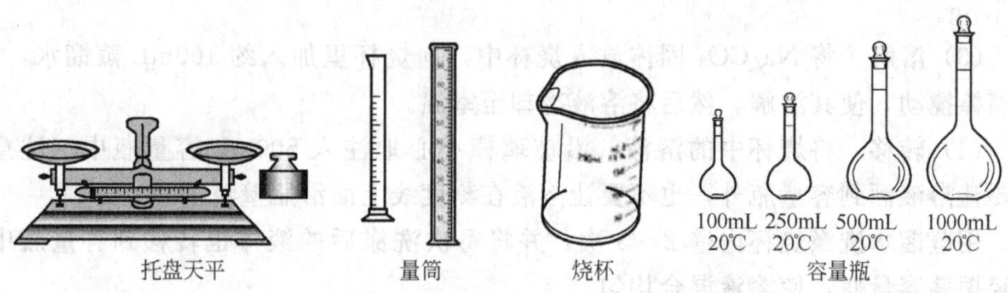

图 2-4　固体药品配制溶液基本仪器示意图

2. 配制过程

用固体药品配制溶液主要经过 6 个步骤：①计算；②称量；③溶解；④转移；⑤定容；⑥摇匀。如图 2-5 所示。

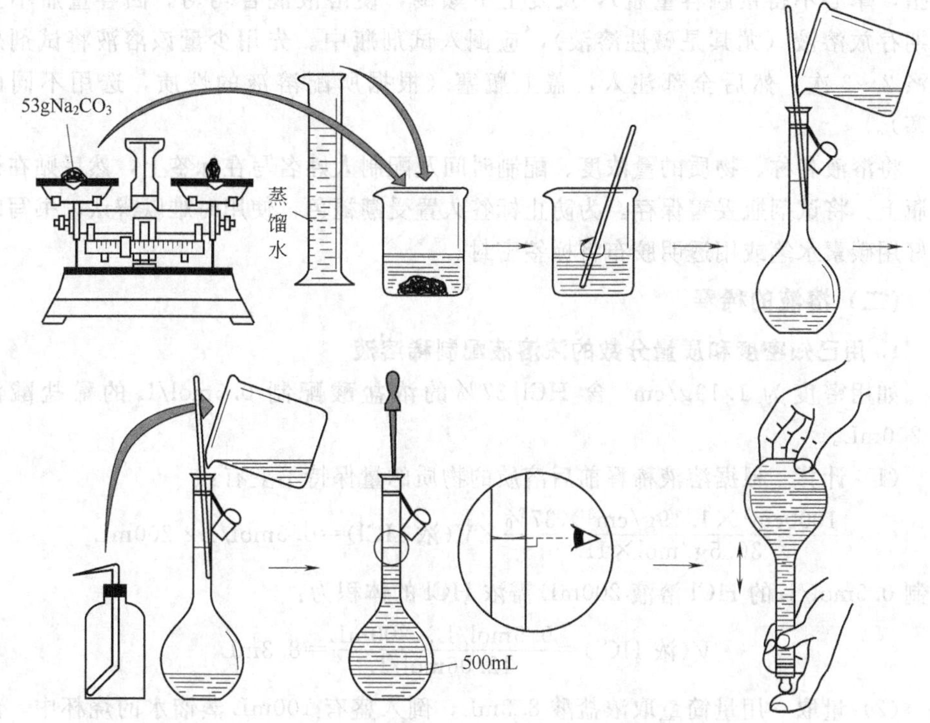

图 2-5　配制 500mL 0.1mol/L 的 Na_2CO_3 溶液过程示意图

现以配制 500mL 0.1mol/L 的 Na_2CO_3 溶液为例。

(1) 计算　配制 500mL 0.1mol/L 的 Na_2CO_3 溶液需要固体 Na_2CO_3 的质量：

$$n(Na_2CO_3)=0.5L\times0.1mol/L=0.05mol$$

$$m(Na_2CO_3)=n(Na_2CO_3)M(Na_2CO_3)=0.05mol\times106g/mol=5.3g$$

所以需要无水 Na_2CO_3 5.3g。

(2) 称量　用托盘天平在洁净干燥的小烧杯里或称量纸上称取无水 Na_2CO_3 固

体 5.3g。

(3) 溶解　将 Na_2CO_3 固体放入烧杯中，向烧杯里加入约 100mL 蒸馏水，用玻璃棒搅动，使其溶解。然后将溶液冷却至室温。

(4) 转移　将烧杯中的溶液，沿玻璃棒小心地注入 500mL 容量瓶中（注意：不要让溶液洒到容量瓶外，也不要让溶液在刻度线上面沿瓶壁流下）。

用蒸馏水洗涤烧杯内壁 2～3 次，并将每次洗涤后的液体也转移到容量瓶中。轻轻振荡容量瓶，使溶液混合均匀。

(5) 定容　继续将蒸馏水缓缓注入容量瓶内，直到液面接近容量瓶刻度线 2cm 处时，等待 1～2min，改用胶头滴管滴加蒸馏水至溶液的凹液面正好与刻度线相切（若为深色溶液，则液面上沿与刻度线相齐）。

(6) 摇匀　把容量瓶用瓶塞盖好，一手紧压瓶塞，另一只手握住瓶底（要用手指，掌心不得接触容量瓶），反复上下颠倒，使溶液混合均匀。因容量瓶不宜长期存放溶液（尤其是碱性溶液），应倒入试剂瓶中。先用少量该溶液将试剂瓶洗涤 2～3 次，然后全部注入，盖上瓶塞（根据所配溶液的性质，选用不同的瓶塞）。

将溶液名称、物质的量浓度、配制时间及配制人姓名写在标签上，然后贴在试剂瓶上，将试剂瓶妥善保存。为防止标签久置受潮褪色，使用时难以辨认，书写时最好用碳素水笔或用透明胶布将标签密封。

（二）溶液的稀释

1. 用已知密度和质量分数的浓溶液配制稀溶液

如用密度为 1.19g/cm³ 含 HCl 37% 的浓盐酸配制 0.5mol/L 的稀盐酸溶液 200mL。

(1) 计算　根据溶液稀释前后溶质的物质的量保持不变有：

$$\frac{1000\text{cm}^3\times 1.19\text{g/cm}^3\times 37\%}{36.5\text{g/mol}\times 1\text{L}}\times V(\text{浓 HCl})=0.5\text{mol/L}\times 200\text{mL}$$

配制 0.5mol/L 的 HCl 溶液 200mL 需浓 HCl 的体积为：

$$V(\text{浓 HCl})=\frac{0.5\text{mol/L}\times 200\text{mL}}{12.06\text{mol/L}}=8.3\text{mL}$$

(2) 量取　用量筒量取浓盐酸 8.3mL，倒入盛有 100mL 蒸馏水的烧杯中，然后拿洗瓶挤出少量蒸馏水将量筒洗涤 2～3 次，并将每次洗涤后的液体都注入烧杯中。

(3) 搅匀　用玻璃棒将烧杯中的溶液缓慢搅动，使其混合均匀，并冷却至室温。

(4) 转移　方法与用固体药品配制溶液基本相同。

(5) 定容　方法与用固体药品配制溶液基本相同。

(6) 摇匀　方法与用固体药品配制溶液基本相同。

2. 用已知物质的量浓度的浓溶液配制稀溶液

如用 12mol/L 浓盐酸溶液配制 1000mL 0.2mol/L 的稀盐酸溶液。

计算：根据公式可知

$$c(\text{浓 HCl})V(\text{浓 HCl})=c(\text{稀 HCl})V(\text{稀 HCl})$$

需取浓盐酸的体积为：

$$V(\text{浓 HCl})=\frac{c(\text{稀 HCl})V(\text{稀 HCl})}{c(\text{浓 HCl})}=\frac{0.2\text{mol/L}\times 1000\text{mL}}{12\text{mol/L}}=16.67\text{mL}$$

配制方法同上。

本章小结

本章主要讲授的内容是物质的量及其单位，以及与物质的量有关的其他物理量。例如物质的量（n）、摩尔质量（M）、气体摩尔体积（V_m）等。

一、物质的量

物质的量是表示物质所含微粒数目多少的物理量，其单位为“摩尔”，简称为“摩”。

物质的量（n）、阿伏伽德罗常数（N_A）与微粒数目（N）之间的关系为：

$$n=\frac{N}{N_A}\quad 其中：N_A=6.02\times 10^{23}/\text{mol}$$

物质的量（n）、摩尔质量（M）与物质的质量（m）之间的关系为：

$$n=\frac{m}{M}$$

二、气体摩尔体积

1mol 的任何气体在标准状况下所占的体积都约为 22.4L。

气体摩尔体积（V_m）、物质的量（n）与气体体积（V）之间的关系为：

$$n=\frac{V}{V_m}\quad 其中：V_m=22.4\text{L/mol}（标准状况下）$$

阿伏伽德罗定律：在相同的温度和压强下，相同体积的任何气体都含有相同数目的分子。

三、物质的量浓度

以单位体积溶液中所含溶质物质的量来表示溶液组成的物理量。常用单位为

mol/L，其表达式为：

$$c=\frac{n}{V}$$

物质的量浓度（c）、溶质的质量分数（A）、溶液的体积（1000mL = 1000cm^3）、溶液的密度（ρ）和溶质的摩尔质量（M）之间的关系为：

$$c=\frac{1000\text{cm}^3\times\rho A}{M\times1\text{L}}$$

复 习 题

一、填空题

1. 摩尔是______的单位，1mol 任何物质中所含有的粒子数约为______。__________是物质的摩尔质量。摩尔质量与相对原子质量或相对分子质量的联系是________________，区别是________________。

2. 在______ C 中约含有 6.02×10^{23} 个 C。

3. 在 0.1mol H_2 中，含有______ mol H。

4. NH_4HCO_3 的相对分子质量为______，它的摩尔质量为______。

5. 1.5mol H_2SO_4 的质量是_______，其中含有_______ mol O，含有______ mol H。

6. 0.01mol 某物质的质量为 1.08g，此物质的摩尔质量为______。

7. 与 0.15g 一氧化氮所含原子数目相同的二氧化碳的质量是______ g。

8. 物质的量为 2mol 的 NaCl 的质量为_______ g，1.1g 的 CO_2 含_______个 CO_2 分子。

9. 含有相同分子数的 HNO_3 和 H_2SO_4，其质量比是_______，摩尔质量比是______，物质的量比是______，所含氧原子个数比是______。

10. NH_3、CO_2、H_2 和 N_2 4 种气体在标准状况下，各取 1g，其中体积最大的是_________，物质的量最小的是_________，各取体积 22.4L，其中质量最大的是_________。

11. CO、Cl_2、SO_3 3 种气体在相同温度和压强条件下，各取 m g，其中体积最大的是______，物质的量最小的是______。

12. 在标准状况下，已知氯气的密度为 D g/L，则氯气相对分子质量的计算公式为______。

13. 已知在 1L $MgCl_2$ 溶液中含有 0.02mol Cl^-，此溶液中 $MgCl_2$ 的物质的量浓度为______。

14. 把 1.12L（标准状况下）HCl 气体溶于水，配制成 250mL 溶液，该溶液的物质的量浓度为______。

15. 在一定温度下，将质量为 m、摩尔质量为 M 的物质溶解于水，得到体积为 V 的饱和溶液。此饱和溶液中溶质的物质的量浓度为______。

16. 在一定温度下，某摩尔质量为 M 的物质的饱和溶液的密度为 ρ，物质的量浓度为 c。此溶液中溶质的质量分数为______。

二、选择题

1. 2.912 L O_2 在标准状况时的物质的量为（　　）。

A. 0.11mol　B. 0.12mol　C. 0.13mol　D. 0.14mol

2. 下列气体在标准状况下，其中体积最大的是（　　）。

A. 0.1mol CO_2　B. 18g CH_4　C. 20g CO　D. 22.4L NO

3. 在标准状况下，1L N_2 约含有的氮分子数为（　　）个。

A. 2.24×10^{22}　B. 4.46×10^{22}　C. 2.69×10^{22}　D. 1×10^{23}

4. 下列溶液的浓度为 0.1mol/L 的有（　　）。

A. 1L 溶液中含 4g NaOH　B. 1L 溶液中含 0.1g NaOH

C. 0.5L 溶液中含 0.2mol H_2SO_4　D. 2L 溶液中含 19.6g H_2SO_4

5. 500mL 水溶液含有 0.05mol KCl、0.05mol $CaCl_2$ 和 0.05mol $AlCl_3$，则溶液中 Cl^- 的总浓度是（　　）。

A. 0.3mol/L　B. 0.1mol/L　C. 0.35mol/L　D. 0.6mol/L

6. 将 1mol/L H_2SO_4 溶液 5mL 稀释为 25mL 后，取出 10mL，则此 10mL 稀 H_2SO_4 的浓度是（　　）。

A. 0.1mol/L　B. 0.2mol/L　C. 0.3mol/L　D. 0.4mol/L

三、下列叙述有无错误？若有，请指出并改正。

1. 1mol H_2 的质量是 1g，所占的体积是 22.4L。
2. 80g NaOH 和 44.8L N_2（标准状况下）含有相同的分子数。
3. 在一定温度和压强条件下，物质的量相同的气体，体积一定相同。
4. 标准状况是指温度为 25℃，压强为 101.325kPa 的状况。

四、计算题

1. 计算下列各种物质的物质的量

（1）8g O_2　（2）18.25g HCl　（3）20g NaOH

(4) 135g Al　(5) 11g CO_2　(6) 250g $BaCl_2$

2. 计算下列物质的摩尔质量

(1) KOH、$Ca(OH)_2$、NH_4NO_3

(2) $FeCl_3$、$CuSO_4 \cdot 5H_2O$

3. 计算下列物质的质量

(1) 1.2mol Zn　(2) 0.3mol $CaSO_4$

(3) 0.8mol H_3PO_4　(4) 2.3mol KCl

4. 现有0.269kg溶质的质量分数为10%的$CuCl_2$溶液。计算：

(1) 溶液中$CuCl_2$的物质的量是多少？

(2) 溶液中Cu^{2+}和Cl^-的物质的量各是多少？

5. 多少克NH_3与36.5g HCl的分子数相同？比较6g Fe和6g Al中哪个原子数多？

6. 在标准状况下，235mL某气体的质量为0.406g，计算这种气体的相对分子质量。

7. 实验室用0.5mol Zn与足量稀盐酸反应制取氢气，计算所产生的氢气在标准状况下的体积。

8. 要配制0.5mol/L的NaCl溶液50mL，应称取固体NaCl多少克？

9. 正常人体中，血液中葡萄糖（简称血糖）的质量分数约为0.1%，已知葡萄糖的相对分子质量为180，设血液的密度为$1g/cm^3$，则血糖的物质的量浓度是多少？

10. 将250mL的质量分数为98%、密度为$1.84g/cm^3$的浓硫酸稀释到600mL，此时溶液中H_2SO_4的物质的量浓度是多少？

第三章　重要的非金属及其化合物

在已发现的115种元素中，非金属元素只有22种（包括稀有气体元素）。虽然为数不多，但是他们的化合物却是化学世界里最庞大的家族。它们在人们的生活和国民经济的发展中，起着非常重要的作用。例如，氮、磷、钾被称为“肥料三要素”；氟和碘是人体健康不可缺少的元素；一氧化碳、二氧化硫对环境产生污染，导致大气臭氧层变薄，甚至出现“空洞”等。这些都是人类广泛关注又与非金属及其化合物有着密切关系的问题。在这一章里，我们将介绍卤族元素、氧族元素、氮族元素、碳族元素的有关内容，着重学习氯、硫、氮、硅等几种非金属及其主要化合物的知识。

第一节　卤　素

这一节我们将要学习的卤素，是几种在原子结构和元素性质上都具有一定相似性的非金属元素，包括氟（F）、氯（Cl）、溴（Br）、碘（I）、砹（At）五种元素。它们位于元素周期表的第ⅦA族。卤素希腊原文为成盐元素的意思，因为这些元素是典型的非金属元素，他们大都因能与典型的金属——碱金属化合生成盐而得名。

卤素单质的化学性质非常活泼，它们在自然界中不能以游离状态存在，而是以稳定的卤化物的形式存在（碘以碘酸盐的形式存在）的。

卤素及其化合物的用途非常广泛，例如，我们每天都要食用的食盐，主要就是由氯和钠两种元素组成的化合物。

一、氯气

氯在自然界是以化合态的形式存在的。单质氯是在18世纪70年代由瑞典化学家舍勒首先发现并制得的。

1. 氯气的物理性质

氯气（Cl_2）分子是由2个氯原子构成的双原子分子。在通常情况下，氯气呈黄绿色。在压强为101kPa、温度为-34.6℃时，氯气液化成液氯。将温度继续冷却到-101℃时，液氯变成固态氯。

氯气有毒，并有剧烈的刺激性，人吸入少量的氯气会使鼻黏膜和喉头的黏膜受到刺激，引起胸部疼痛和咳嗽，吸入大量氯气会使人中毒致死。所以，在实验室里闻氯气气味的时候，必须十分小心，应该用手轻轻地在瓶口扇动，使少量的氯气"飘"进鼻孔。

2. 氯气的化学性质

氯原子的最外电子层上有 7 个电子，在化学反应中很容易结合一个电子，使最外电子层上达到 8 个电子的稳定结构。氯气是一种化学性质很活泼的非金属单质，它具有较强的氧化性，能与多种金属和非金属直接化合，还能与某些化合物，如水、碱等起反应。

(1) 与金属的反应　详见以下实验。

[实验 3-1]　用坩埚钳夹住一束铜丝，灼热后立刻放入充满氯气的集气瓶里。观察发生的现象。然后把少量的水注入到集气瓶里，用玻璃片盖住瓶口，振荡。观察溶液的颜色。

通过实验可以发现，红热的铜丝在氯气里剧烈燃烧，使集气瓶里充满棕黄色的烟，这种烟实际上是氯化铜晶体的微小颗粒。这个反应的化学方程式为：

$$Cu + Cl_2 \xlongequal{点燃} CuCl_2$$

氯化铜溶于水后，溶液呈蓝绿色。当氯化铜的浓度不同时，溶液的颜色也有所不同。大多数金属在点燃或灼烧的条件下，都能与氯气反应生成氯化物。但是，在通常条件下，干燥的氯气不能与铁起反应，因此，可以用钢瓶储运液氯。

(2) 与氢气的反应　详见以下实验。

[实验 3-2]　在空气中点燃氢气（H_2），然后把导管伸入盛有氯气（Cl_2）的集气瓶中。观察 H_2 在 Cl_2 中燃烧时的现象。

纯净的 H_2 能在 Cl_2 中安静地燃烧，并产生苍白色的火焰。反应生成的气体是氯化氢（HCl），它在空气里与水蒸气结合，呈现雾状。化学方程式为：

$$H_2 + Cl_2 \xlongequal{点燃} 2HCl$$

以上的反应和实验现象可以说明：燃烧不一定要有氧气参加，任何发光、发热的剧烈的化学反应都可以叫做燃烧。

在强光的照射下，H_2 也能与 Cl_2 发生反应，生成 HCl。

[实验 3-3]　把新收集到的一塑料瓶 H_2 和一塑料瓶 Cl_2 上下口对口地放置，抽去瓶口间的玻璃片，上下颠倒几次，使 Cl_2 和 H_2 充分混合，取一瓶混合气体，用塑料片盖好，在距离塑料瓶约 10cm 处点燃镁条，观察有什么现象发生。

可以看到，镁条燃烧所产生的强烈的光线照射到混合气体时，瓶中的 H_2 和 Cl_2 迅速反应而发生爆炸，把塑料片向上弹起。化学方程式为：

$$H_2 + Cl_2 \xlongequal{光照} 2HCl$$

(3) 与水反应　氯气能溶于水，在常温下，1 体积的水约能溶解 2 体积的氯气。氯气的水溶液叫“氯水”，氯水因溶解有氯气而呈黄绿色。溶解的氯气中有一部分能够与水反应，生成盐酸和次氯酸。

$$Cl_2 + H_2O = HCl + HClO$$（次氯酸）

次氯酸不稳定，容易分解释放出氧气。当氯水受到日光照射时次氯酸的分解加快。

$$2HClO \xlongequal{光照} 2HCl + O_2\uparrow$$

次氯酸是一种强氧化剂，能杀死水里的病菌，因此，常在自来水中通入氯气（在1L水中通入约0.002g Cl_2）来杀菌消毒。次氯酸的强氧化性还能使某些染料和有机色质褪色，可用作棉、麻、纸张等的漂白剂。

［实验 3-4］ 取干燥的和湿润的有色布条各一条，分别放入两个集气瓶中，然后通入 Cl_2。观察发生的现象。

可以观察到，湿润的布条褪色了，而干燥的布条却没有褪色。可见，起漂白作用的是次氯酸而不是氯气。

（4）与碱的反应　氯气与碱溶液起反应，生成物是次氯酸盐、氯化物和水。

$$Cl_2 + 2NaOH = NaCl + NaClO + H_2O$$

次氯酸盐比次氯酸稳定，容易储运。市售的漂粉精和漂白粉的有效成分就是次氯酸钙。工业上生产漂粉精，是通过氯气与石灰乳反应而制成的。

$$2Ca(OH)_2 + 2Cl_2 = CaCl_2 + \underset{次氯酸钙}{Ca(ClO)_2} + 2H_2O$$

在湿润的空气里，次氯酸钙与空气里的二氧化碳和水蒸气反应，生成次氯酸。所以漂粉精和漂白粉也具有漂白、消毒作用。

$$Ca(ClO)_2 + H_2O + CO_2 = 2HClO + CaCO_3\downarrow$$

3. 氯气的用途

氯气是一种重要的化工原料。氯气除用于消毒、制造盐酸和漂白剂外，还用于制造氯仿等有机溶剂和多种农药。

4. 氯气的实验室制法

在实验室里，氯气可用浓盐酸和二氧化锰起反应来制取。

［实验 3-5］ 如图 3-1 所示在烧瓶里加入少量的 MnO_2 粉末，通过分液漏斗向烧瓶中加入适量密度为 $1.19g/cm^3$ 的浓盐酸，缓缓加热，使反应加速进行。观察实验现象。用向上排空气法收集 Cl_2。多余的 Cl_2 用 NaOH 溶液来吸收。

这个反应的化学方程式是：

$$4HCl(浓) + MnO_2 \xlongequal{\triangle} MnCl_2 + 2H_2O + Cl_2\uparrow$$

二、氯离子的检验

氯气能与很多金属反应生成盐，其中大多数盐能溶于水并电离出氯离子。在初

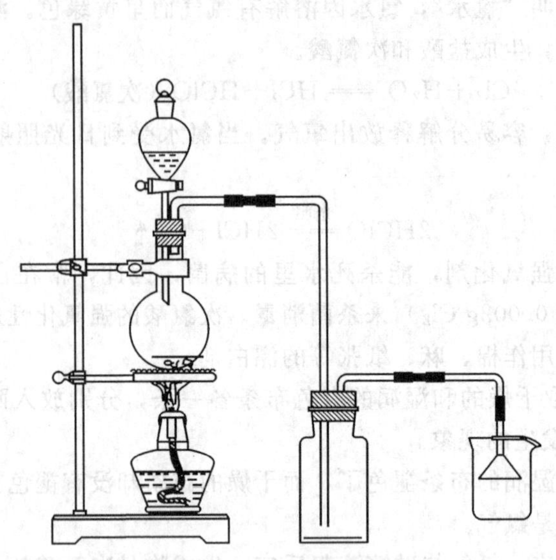

图 3-1　实验室制取氯气

中化学里，我们学过盐酸的鉴别方法，对于可溶性氯化物中的氯离子，也可以采用相类似的方法进行检验。

［**实验 3-6**］　三支试管分别盛有少量的稀盐酸、NaCl 溶液、Na_2CO_3 溶液，分别向其中加入几滴 $AgNO_3$ 溶液。观察发生的现象。再分别滴加少量的稀硝酸，观察有什么变化？

可以看到，三支试管里都有白色沉淀生成，前两支试管中的白色沉淀不溶于稀硝酸，这是 AgCl 沉淀；第三支试管中的沉淀溶解于稀硝酸，三支试管内发生的化学反应，其反应式分别为：

$$HCl + AgNO_3 \xlongequal{} AgCl\downarrow + HNO_3$$

$$NaCl + AgNO_3 \xlongequal{} AgCl\downarrow + NaNO_3$$

$$Na_2CO_3 + 2AgNO_3 \xlongequal{} Ag_2CO_3\downarrow + 2NaNO_3$$

$$2HNO_3 + Ag_2CO_3 \xlongequal{} 2AgNO_3 + H_2O + CO_2\uparrow$$

显然，溶液中如果有 CO_3^{2-} 存在，用 $AgNO_3$ 溶液检验 Cl^- 时，会产生白色沉淀（Ag_2CO_3），实验现象就会受到干扰。因此，在用 $AgNO_3$ 溶液检验 Cl^- 时，可先在被检验的溶液中滴入少量稀硝酸，将其酸化，以排除 CO_3^{2-} 等离子的干扰。然后，再滴入适量的 $AgNO_3$ 溶液，如果产生白色沉淀，则可判断该溶液中含有 Cl^-。

三、卤族元素化学性质的比较

卤素的化学活泼性的大小次序为：$F_2 > Cl_2 > Br_2 > I_2$。因此排在前面的卤素能把排在它后面的卤素从卤化物溶液中置换出来。如溴化钠溶液、碘化钠溶液可以分别与饱和氯水和溴水进行反应，反应式为：

$$2NaBr + Cl_2 \longrightarrow 2NaCl + Br_2$$

$$2NaI + Cl_2 \longrightarrow 2NaCl + I_2\downarrow$$

$$2NaI + Br_2 \longrightarrow 2NaBr + I_2\downarrow$$

综上所述，卤素单质的化学活泼性随着核电荷数的增加、原子半径的增大而按照氟、氯、溴、碘的顺序依次减弱。

四、卤族元素与人体健康

其他卤族元素列于表 3-1 中。

表 3-1　其他卤族元素

元素名称	元素符号	荷电荷数	单质	颜色和状态（常态）	密度	溶解度（100g 水中）	熔点/℃	沸点/℃
氟	F	9	F_2	淡黄色气体	1.69g/L	与水反应	−219.6	−188.1
氯	Cl	17	Cl_2	黄绿色气体	3.214g/L	226cm³	−101	−34.6
溴	Br	35	Br_2	红棕色液体	3.119g/cm³	4.16g	−7.2	58.78
碘	I	53	I_2	紫黑色固体	4.93g/cm³	0.029g	113.5	184.4

碘酸钾、碘化钾等含碘的化合物，不仅是我们在实验室中常用的化学试剂，而且也能供给人体必不可少的微量元素——碘。

碘有极其重要的生理作用，人体中的碘主要存在于甲状腺内。甲状腺内的甲状腺球蛋白是一种含碘的蛋白质，是人体的碘库。一旦人体需要时甲状腺球蛋白就很快水解为有生物活性的甲状腺素，并通过血液到达人体的各个组织。

甲状腺素是一种含碘的氨基酸，它具有促进体内物质能量代谢，促进身体生长发育，提高神经系统的兴奋性等生理功能。

人体中如果缺碘，甲状腺就得不到足够的碘，甲状腺素的合成就会受到影响，使得甲状腺组织产生代偿性增生，造成甲状腺肿（即人们常说的大脖子病）。甲状腺肿等碘缺乏病是世界上分布最广、发病人数最多的一种地方病。我国是世界上严重缺碘的地区，全国有约四亿人缺碘。

1991 年 3 月我国政府在《儿童生存、保护和发展世界宣言》及《执行九十年代儿童生存、保护和发展世界宣言行动计划》两个文件上签字做出了庄严承诺，在 2000 年之前消除碘缺乏病。

人体一般每日摄入 0.1～0.2mg 碘就可以满足需要。在正常情况下，人们通过食物饮水及呼吸即可摄入所需的微量碘。但在一些地区，由于各种原因，水和土壤中缺碘，食物中的含碘量也较少，造成人体摄碘量少。有些地区由于在食物中含有阻碍人体吸收碘的某些物质，也会造成人体缺碘。

为了防止碘缺乏病，各国都采取了一些措施。例如，提供含碘食盐或其他含碘的强化食品，食用含碘丰富的海产品等，其中以食用含碘食盐最为方便有效。我国政府为了消除碘缺乏病，在居民的食用盐中均加入了一定量的碘酸钾，以确保人体对碘的摄入量。值得注意的是，人体摄入过多的碘也是有害的，因此，不能认为高碘的食物吃得越多越好，要根据个人的身体而定。

氟元素在骨骼与牙齿的形成中有着重要作用。人体骨骼固体中60%为骨盐，而氟能与骨盐结合，形成氟磷灰石而成为骨盐的组成部分。适量的氟有利于钙和磷的利用及在骨骼中沉积，加速骨骼的形成，促进生长，并维持骨骼的健康。有研究表明，在氟适宜地区骨质疏松症较少。

另外，氟也是牙齿的重要成分。氟被牙釉质中的羧磷灰石吸附后，在牙齿表面形成一层抗酸性腐蚀的、坚硬的氟磷灰石保护层，有防止龋齿的作用。其作用原理如下：

$$Ca_{10}(OH)_2(PO_4)_6 + 2F^- = Ca_{10}F_2(PO_4)_6 + OH^-$$

如果食物长期滞留在牙缝处，就会慢慢腐烂进而滋养细菌，产生有机酸类物质。但当使用了含氟牙膏后，就可以发生上面的反应，OH^-能中和有机酸，使牙齿的损伤程度减小，从而达到减少龋齿，保护牙齿的目的。

第二节 硫及其化合物

硫是一种重要的非金属元素。硫的性质跟我们已经学过的氧很相似，氧（O）、硫（S）和另外3种性质相似的元素硒（Se）、碲（Te）、钋（Po），统称为氧族元素。在这一节中，我们主要学习硫及其化合物的知识。在自然界里，游离态（单质形态）的天然硫，存在于火山口附近或地壳的岩层里。由于天然硫的存在，人类从远古时代起就知道硫了。以化合态形式存在的硫分布很广，主要是硫化物和硫酸盐，如黄铁矿（也叫硫铁矿 FeS_2）、黄铜矿（$CuFeS_2$）、石膏（$CaSO_4 \cdot 2H_2O$）等。硫的化合物也常存在于火山喷出的气体中和矿泉水里。煤和石油里都含有少量硫。硫还是某些蛋白质的组成元素，是生物生长所需要的一种元素。

一、硫的物理性质

硫单质是淡黄色的晶体，密度约为水的2倍。质脆，容易研成粉末，不溶于水，微溶于酒精，易溶于二硫化碳（CS_2）。硫的熔点是112.8℃，沸点是444.6℃。硫蒸气急剧冷却，直接凝聚成粉末，叫硫华。

二、硫的化学性质

1. 硫与金属反应

硫的化学性质比较活泼，能和除金、铂以外的金属直接化合，生成金属硫化物并放出热量。反应方程式如下：

$$2Al+3S \stackrel{\triangle}{=\!=\!=} Al_2S_3$$

$$Fe+S \stackrel{\triangle}{=\!=\!=} FeS$$

2. 硫与非金属反应

硫能跟许多非金属起反应，硫蒸气能和氢气直接化合生成硫化氢。反应方程式如下：

$$H_2+S \stackrel{\triangle}{=\!=\!=} H_2S$$

硫在空气或纯氧中燃烧时，呈现蓝色火焰，生成二氧化硫。反应方程式如下：

$$S+O_2 \stackrel{点燃}{=\!=\!=} SO_2$$

三、硫的用途

硫的用途很广，在工业上主要用来制造硫酸，同时也是生产橡胶制品的重要原料，硫还可用于制造黑色火药、焰火、火柴等；硫在农业上作为杀虫剂（如石灰硫黄合剂）的原料；医疗上，硫还可用于制硫黄软膏来医治某些皮肤病等。

四、硫的化合物

1. 二氧化硫

硫的氧化物主要是二氧化硫，它是制取硫酸的中间产物。

（1）二氧化硫的制法　工业上用燃烧硫铁矿来制取二氧化硫：

$$4FeS_2+11O_2 \stackrel{燃烧}{=\!=\!=} 8SO_2\uparrow+2Fe_2O_3$$

实验室里常用亚硫酸盐与硫酸发生复分解反应，来制取二氧化硫。例如：

$$Na_2SO_3+H_2SO_4 =\!=\!= Na_2SO_4+H_2O+SO_2\uparrow$$

（2）二氧化硫的性质　二氧化硫是一种无色、有刺激性气味的气体，有毒，密度比空气大，是常见的大气污染物。它易液化，易溶于水，常温常压下，1 体积的水可溶解 40 体积的二氧化硫。

① 与水反应　二氧化硫是酸性氧化物，易溶于水生成亚硫酸，因此二氧化硫

又称为亚硫酸酐。亚硫酸具有酸的通性。亚硫酸不稳定，易分解，因此二氧化硫与水的反应是一个可逆反应：

$$SO_2 + H_2O \rightleftharpoons H_2SO_3$$

② 与氧反应　在一定条件下，SO_2 可以与氧气反应，生成三氧化硫。这也是工业上生产硫酸的基础。反应方程式如下：

$$SO_2 + O_2 \xrightarrow[400\sim500℃]{V_2O_5} SO_3$$

③ 漂白性　详见以下实验。

[实验 3-7] 在试管中加入 5mL 0.1%品红溶液，通入二氧化硫气体，观察现象。

可以看到，红色逐渐消失，当再加热试管时，溶液又恢复红色。

由此可以说明二氧化硫具有漂白某些物质的性能，即二氧化硫的水溶液能跟某些色素物质生成无色化合物。但这种无色物质不稳定受热分解而使溶液逐渐恢复原来的颜色。

三氧化硫是硫酸的酸酐，遇水剧烈反应生成硫酸。反应方程式如下：

$$SO_3 + H_2O = H_2SO_4$$

2. 硫化氢

硫化氢是一种无色、有臭鸡蛋气味的气体，密度比空气略大，有剧毒，是一种大气污染物。空气中如果含有微量的硫化氢，就会使人感到头痛、头晕和恶心。吸入大量硫化氢会使人昏迷甚至死亡，农业上，若稻田里通风不好，产生的硫化氢会导致水稻烂根。动植物体腐败时会产生硫化氢气体。硫化氢能溶于水，在常温常压下，1 体积水能溶解 2.6 体积的硫化氢。它的水溶液为氢硫酸，呈弱酸性，具有酸的通性。

硫化氢是一种可燃性气体。在空气中燃烧时，产生淡蓝色的火焰。空气不足时，生成硫单质和水；空气充足时生成二氧化硫和水。反应方程式如下：

$$2H_2S + O_2(\text{不足}) \xlongequal{\text{点燃}} 2S + 2H_2O$$

$$2H_2S + 3O_2(\text{足量}) \xlongequal{\text{点燃}} 2SO_2 + 2H_2O$$

硫化氢与二氧化硫可发生如下反应：

$$2H_2S + SO_2 = 2H_2O + 3S$$

工业上利用工厂排出的含 SO_2 尾气与含 H_2S 的废气相互作用，既能回收硫，又能避免污染环境。

3. 硫酸

纯硫酸是无色、无臭、难挥发的油状液体。商品浓硫酸质量分数为 98%，密度为 1.84g/cm³。易溶于水，能以任意比例与水互溶，硫酸是工业上重要的“三酸”之一。

稀硫酸具有酸类的通性，浓硫酸还具有一些特性。

(1) 浓硫酸的特性

① 浓硫酸具有强烈的吸水性　由于浓硫酸具有强烈的亲水作用，能以任意比例与水混溶，并放出大量的热。因此，浓硫酸常用作干燥剂。用水稀释浓硫酸时，切勿把水倒入浓硫酸中。应该在搅拌下将浓硫酸缓缓地注入水中，以免酸水溢溅造成灼伤。

② 浓硫酸具有极强的脱水性　浓硫酸能按 2∶1 的氢氧原子个数比夺取许多有机物分子（如糖、淀粉、纤维素等）中的氢原子和氧原子，使其炭化变黑。例如：

$$\underset{\text{蔗糖}}{C_{12}H_{22}O_{11}} \xlongequal{\text{浓硫酸}} 11H_2O + 12C$$

因此，浓硫酸能严重破坏动物组织，有强烈的腐蚀性，在使用时要严格注意安全。

③ 浓硫酸具有强氧化性　浓硫酸几乎能和所有的金属（金、铂除外）起反应。例如：

$$2H_2SO_4(\text{浓}) + Cu \xlongequal{\triangle} CuSO_4 + 2H_2O + SO_2\uparrow$$

见图 3-2。

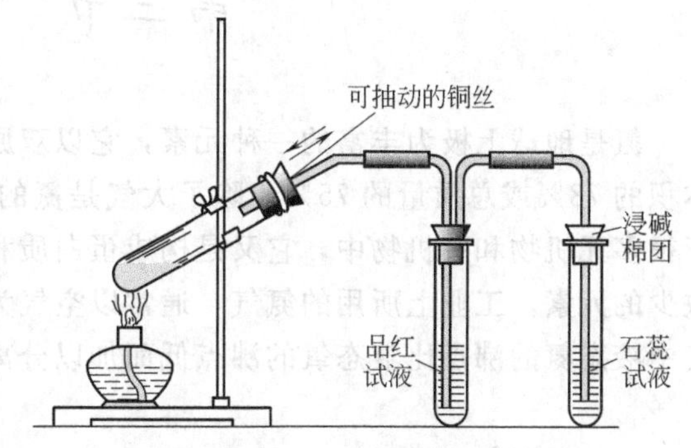

图 3-2　浓硫酸和铜反应

铝、铁、铬等金属在冷的浓硫酸中因被氧化而在其表面生成一层致密的氧化物保护膜，阻止继续与酸反应，这种现象叫做金属的钝化。因此，在低温下可把浓硫酸装在铁罐中储存和运输。

(2) 硫酸的用途　硫酸是化学工业中最重要的产品之一。根据硫酸的各种不同的性质，硫酸在工业上和实验室里具有十分广泛的用途。在化学肥料工业上，利用硫酸跟磷矿粉起反应可制得过磷酸钙等磷肥；利用它跟氨或氨水的反应可制得氮肥硫酸铵。在金属加工和金属制品进行电镀以前，可以利用硫酸跟金属氧化物起反应的性质来除去金属表面的氧化物。利用硫酸能跟金属或金属氧化物起反应的性质可以制出许多有实用价值的硫酸盐，如硫酸铜、硫酸亚铁等。硫酸是一种高沸点酸，可以用它来制取各种挥发性酸。硫酸还用于精炼石油、制造炸药、农药、染料等。在化学实验室里，硫酸是一种常用的试剂。利用浓硫酸的吸水作用，通常也把它作为干燥剂。

五、硫酸根离子的检验

硫酸和可溶性硫酸盐溶液里都存在 SO_4^{2-}，根据 $BaSO_4$ 既不溶于水又不溶于酸的性质，可用可溶性的钡盐来检验硫酸根离子的存在。

[实验 3-8] 在分别盛有 2mL 0.1mol/L H_2SO_4、0.1mol/L Na_2SO_4 溶液和 0.1mol/L Na_2CO_3 溶液的 3 支试管里，各滴加 2 滴 $Ba(NO_3)_2$ 溶液，观察现象。

可以看到，3 支试管中均有白色沉淀生成，其反应式分别为：

$$H_2SO_4+Ba(NO_3)_2 = BaSO_4\downarrow+2HNO_3$$

$$Na_2SO_4+Ba(NO_3)_2 = BaSO_4\downarrow+2NaNO_3$$

$$Na_2CO_3+Ba(NO_3)_2 = BaCO_3\downarrow+2NaNO_3$$

再分别加入适量的稀硝酸，振荡，可看到硫酸钡（$BaSO_4$）沉淀不溶解，而碳酸钡（$BaCO_3$）沉淀则溶解，并放出气体。其反应如下：

$$BaCO_3+2HNO_3 = Ba(NO_3)_2+CO_2\uparrow+H_2O$$

因此检验溶液中是否含有硫酸根离子（SO_4^{2-}）时，应先加入 $Ba(NO_3)_2$ 溶液，生成白色沉淀后再滴加适量稀硝酸溶液，白色沉淀不消失，则可证明溶液中有 SO_4^{2-} 存在。

第三节　氮

氮是地球上极为丰富的一种元素，它以双原子分子存在于大气中，约占空气总体积的 78%或总质量的 75%。除了大气是氮的储藏库外，氮也以化合态形式存在于很多无机物和有机物中，它又是构成蛋白质和核酸（形成生命的重要物质）不可缺少的元素。工业上所用的氮气，通常以空气为原料，将空气液化后，利用液态空气中液态氮的沸点比液态氧的沸点低而加以分离制得。

一、氮气

1. 氮气的物理性质

纯净的氮气是一种没有颜色、没有气味的气体，密度比空气稍小（在标准状况下，1L 氮气的质量为 1.2506g）。氮气在压强为 101kPa、温度为－195.8℃时，变成没有颜色的液体，－209.86℃时，变成雪状的固体。氮气在水里的溶解度很小，在通常状况下，1 体积水中大约可溶解 0.02 体积的氮气。

2. 氮气的化学性质

氮气分子中两个氮原子以一个共价三键相互结合在一起，由于 $N\equiv N$ 很牢固，因此，氮分子在通常状况下很稳定，既不可燃、不助燃，也很难参与化学反应。但在高温或一定条件下反应能力增强，能与氢气、氧气、金属等物质发生化学反应。

(1) 氮气与氢气反应　在高温、高压和催化剂存在的条件下，氮、氢直接化合生成氨。工业上用这个反应来合成氨。

$$N_2 + 3H_2 \underset{高温高压}{\overset{催化剂}{\rightleftharpoons}} 2NH_3$$

(2) 氮气与氧气反应

在放电的条件下，氮气能和氧气直接化合成为无色的一氧化氮。

$$N_2 + O_2 \overset{放电}{=\!=\!=} 2NO$$

电力发达的国家，可用这种方法从空气中制取 NO。生成的 NO 可迅速与空气中的 O_2 发生反应，生成红棕色的 NO_2 气体。

$$2NO + O_2 =\!=\!= 2NO_2$$

NO_2 再经以下反应可得到 HNO_3

$$3NO_2 + H_2O =\!=\!= 2HNO_3 + NO$$

在雷雨天，大气中常有 NO 产生，据估算，每年因雷雨渗入大地的氮肥约有 4 亿吨。

3. 氮的用途

大量的氮气在工业上主要用作合成氨、制造硝酸等，它们是氮肥、炸药等的原料。由于氮气的化学性质不活泼，氮气可以用来代替稀有气体作焊接时的保护气；氮气或氮气和氩气的混合气体可用来填充灯泡，以防止钨丝的氧化和减慢钨丝的挥发，使灯泡经久耐用。粮食、水果如处于低氧高氮的环境中，能使害虫缺氧窒息而死，同时能使植物种子处于休眠状态，代谢缓慢，所以可利用氮气来保存粮食、水果等农副产品。

二、氨和铵盐

氨是氮肥工业的基础，是制造硝酸、纯碱、铵盐等的重要原料，也是纤维、塑料和尿素等有机合成工业常用的原料；氨还是工业上常用的一种制冷剂。铵盐中最重要的是硝酸铵、氯化铵和硫酸铵，主要用作肥料，硝酸铵还可用来制造炸药。氯化铵可用于印染和制造干电池。

1. 氨（NH_3）

(1) 氨的物理性质　氨是无色、有强烈刺激性气味的气体。在相同的条件下，比同体积的空气轻。在常压下冷却到 −33.5℃或在常温下加压至 700～800kPa 氨会凝结成无色液体，同时放出大量的热。液态的氨气化时要吸收大量的热，会使周围的温度急剧下降，因此，液氨可用作制冷剂。氨极易溶于水，在常压下，1 体积的水可溶解 700 体积的氨。氨的水溶液叫做氨水，具有弱碱性。

(2) 氨的化学性质

① 氨与水反应：

$$NH_3 + H_2O \rightleftharpoons NH_3 \cdot H_2O$$

② 氨与酸的反应：

$$NH_3 + HCl = NH_4Cl$$

氨与其他酸溶液反应，可制得相应的铵盐：

$$NH_3 + HNO_3 = NH_4NO_3$$

$$2NH_3 + H_2SO_4 = (NH_4)_2SO_4$$

(3) 氨的实验室制法　实验室常用铵盐与碱在加热的条件下制取氨气：

$$2NH_4Cl + Ca(OH)_2 \xlongequal{\triangle} CaCl_2 + 2H_2O + 2NH_3\uparrow$$

2. 铵盐

铵盐是由铵根离子（NH_4^+）和酸根离子组成的化合物。铵盐都是晶体，都易溶于水。铵盐的重要的化学特性是和碱作用逸出氨气。常利用这一性质来鉴定 NH_4^+ 的存在。

$$NH_4Cl + NaOH \xlongequal{\triangle} NaCl + NH_3\uparrow + H_2O$$

［**实验 3-9**］　取一支试管加入固体氯化铵和固体氢氧化钠，加热，观察现象。

可以发现有刺激性气味的气体产生。用湿润的红色石蕊试纸接近管口，红色石蕊试纸变蓝。说明有 NH_3 生成（见图 3-3）。

另外，铵盐受热易分解，存放铵盐时应密封并放在阴凉通风处。

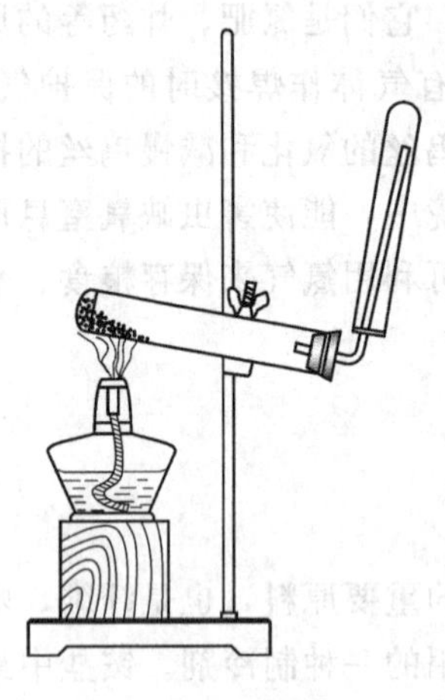

图 3-3　氨气的实验室制法

三、硝酸

硝酸是重要的化工原料，也是工业上重要的“三酸”之一。硝酸有着广泛的用途，可以用来制造氮肥、农药、炸药、塑料和染料等，也是实验室里的一种常用试剂。纯硝酸是无色、易挥发、有刺激性气味的液体。市售浓硝酸质量分数约为 69%，质量分数大于 98%的浓硝酸极易挥发，与空气中的水蒸气形成酸雾，故称为发烟硝酸。硝酸是一种强酸，除了具有酸的通性以外，还具有它本身的特性。

(1) 不稳定性　纯净的硝酸或浓硝酸在常温下见光会分解，受热分解得更快。反应方程式如下：

$$4HNO_3 \xlongequal{\text{光照或}\triangle} 2H_2O + 4NO_2\uparrow + O_2\uparrow$$

硝酸越浓越易分解，为了防止硝酸分解，必须把它装在棕色瓶里，存放在阴凉避光处。

(2) 氧化性　浓硝酸和稀硝酸都具有氧化性，几乎能与所有金属（除金、铂等以外）和非金属发生氧化还原反应。

［**实验 3-10**］　在 2 支放有铜片的试管里，分别加入少量浓硝酸和稀硝酸，观察现象。

可以看到，浓硝酸和稀硝酸都能和铜发生反应，浓硝酸反应剧烈，有红棕色气体产生。稀硝酸反应较缓慢，生成无色气体，并逐渐转变为红棕色。反应的化学方程式如下：

$$Cu+4HNO_3(\text{浓})=\!=\!=Cu(NO_3)_2+2NO_2\uparrow+2H_2O$$

$$3Cu+8HNO_3(\text{稀})=\!=\!=3Cu(NO_3)_2+2NO\uparrow+4H_2O$$

$$2NO+O_2=\!=\!=2NO_2$$

冷的浓硝酸能使铝、铁等金属发生“钝化”。因此，可用铝槽车储运浓硝酸。浓硝酸与浓盐酸的混合物（体积之比为 1∶3）称为“王水”，它的氧化能力更强，使一些不溶于硝酸的金属如金、铂等溶解。硝酸能使许多非金属如碳、硫、磷等氧化。例如：

$$4HNO_3+C\ (\text{灼热})=\!=\!=CO_2\uparrow+4NO_2\uparrow+2H_2O$$

四、硝酸盐

硝酸盐有很多种，在工农业生产中有重要用途，如 NH_4NO_3、KNO_3 等。在食品工业中，经常使用的有硝酸钠（$NaNO_3$）、亚硝酸钠（$NaNO_2$），常用作肉制品的发色剂和抗氧化剂。

第四节　硅

20 世纪 60 年代，随着集成电路的研制成功，电子工业得到了飞速发展，各种电子产品（收音机、电视机、计算机等）相继出现，并越来越多地进入人们的生活，改善了我们的生活质量。在电子工业的发展中，硅起到了至关重要的作用。硅与我们的生活息息相关，除了电子产品的材料中含有硅外，像耐高温的医疗用品、绝缘涂料及高温涂料的硅树脂，造房子用的砖、瓦、沙石、水泥、玻璃，以及吃饭、喝水用的瓷碗、水杯，洗脸间的洁具，它们看上去虽然不同，但主要成分都是硅的化合物。在这一节中，我们将介绍一些与硅有关的知识。

一、硅

硅是自然界中分布很广的一种元素，在地壳中，硅约占地壳总重量的 27.72%，它的含量仅次于氧，居第二位。在自然界中，硅只以化合态形式存在，没有以游离态形式存在的硅，硅的化合物主要是二氧化硅（硅石）和硅酸盐。这些化合态的硅广泛存在于地壳的各种矿物和岩石里，是构成矿物和岩石的主要成分。

单质硅有晶体硅和无定形硅两种。晶体硅是灰黑色、有金属光泽、硬而脆的固体，它的结构类似于金刚石，熔点和沸点都很高，硬度也很大。晶体硅还有一个重要的性质，就是它的导电性介于导体和绝缘体之间，是良好的半导体材料。

我们知道，碳在常温下化学性质很稳定，在高温时能跟氧气等物质反应。硅作为碳的同族元素，它的化学性质又会怎样呢？

硅元素原子的最外层电子数与碳元素原子最外层电子数相同，都有 4 个电子，所以，硅的许多化学性质跟碳很相似。在常温下，硅的化学性质不活泼，除氢氟酸、氟气和强碱外，硅不跟其他物质，如氧气、氯气、硫酸、硝酸等起反应。在加热的条件下，硅能跟某些非金属反应。例如，加热时，研细的硅能在氧气中燃烧，生成二氧化硅并放出大量的热。反应方程式如下：

$$Si + O_2 \xlongequal{\triangle} SiO_2$$

硅是一种重要的非金属单质，它的用途非常广泛。作为良好的半导体材料，硅可用来制作集成电路、晶体管、硅整流器等半导体器件，还可制成太阳能电池。硅还可以合金的形式使用，如含硅 4%（质量分数）的钢具有良好的导磁性，可用来制造变压器铁心；含硅 15%（质量分数）左右的钢具有良好的耐酸性，可用来制造耐酸设备等。此外，硅还可用于制造玻璃、混凝土、砖、耐火材料、硅氧烷、硅烷等。

由于自然界没有单质硅存在，因此，我们使用的硅，都是从它的化合物中提取的。在工业上，用碳在高温下还原二氧化硅的方法可制得含少量杂质的粗硅。方程式如下：

$$SiO_2 + 2C \xlongequal{高温} Si + 2CO\uparrow$$

粗硅经提纯后，可制得高纯度的硅。

二、二氧化硅

二氧化硅广泛存在于自然界中，与其他矿物共同构成了岩石。天然二氧化硅也叫硅石，是一种坚硬、难熔的固体。二氧化硅的化学性质不活泼，不与水反应，也不与酸（氢氟酸除外）反应，但能与碱性氧化物或强碱反应生成盐。例如：

$$SiO_2 + CaO \xlongequal{高温} CaSiO_3$$

$$SiO_2 + NaOH \xlongequal{} Na_2SiO_3 + H_2O$$

二氧化硅是酸性氧化物，它对应的水化物是硅酸（H_2SiO_3）。硅酸不能由二氧化硅直接制得，只能通过可溶性的硅酸盐与酸反应来制取。硅酸是一种不溶于水的弱酸，它的酸性比碳酸还要弱。

二氧化硅的用途很广。目前已被使用的高性能通信材料光导纤维的主要原料就是二氧化硅。石英的主要成分也是二氧化硅，较纯净的石英可用来制造石英玻璃，我们在实验室中使用的一些耐高温的化学仪器，就是用石英玻璃制成的。我们常说的水晶就是透明的石英晶体。水晶常用来制造电子工业中的重要部件、光学仪器，也用来制成高级工艺品和眼镜片等。玛瑙是含有有色杂质的石英晶体，它可用于制造精密仪器轴承、耐磨器皿和装饰品等。

另一类硅的化合物是硅酸盐。硅酸盐是构成地壳岩石的主要成分，自然界中存在的各种天然硅酸盐矿物，约占地壳质量的5%。硅酸盐的种类多、结构复杂，其组成通常可用二氧化硅和金属氧化物的形式来表示。例如：

硅酸钠　Na_2SiO_3 或 $Na_2O \cdot SiO_2$；

高岭石　$Al_2(Si_2O_5)(OH)$ 或 $(Al_2O_3 \cdot 2SiO_2 \cdot 2H_2O)$。

三、硅酸盐工业简介

硅酸盐工业是指以含硅物质为主要原料，经高温加工制造硅酸盐产品，如水泥、玻璃、陶瓷等产品的工业。硅酸盐工业在国民经济中占有很重要的位置。

1. 水泥

水泥是一种既能在水中硬化，又能在空气中硬化，并且能够与砂、石等材料牢固地凝结在一起的水硬性胶凝材料。广泛用于各种建筑工程。

以黏土和石灰石为主要原料，经研磨、混合后在水泥回转窑中煅烧，再加入适量石膏，并研成细粉就得到普通水泥。

普通水泥的主要成分是硅酸二钙（$2CaO \cdot SiO_2$）、硅酸三钙（$3CaO \cdot SiO_2$）和铝酸三钙（$3CaO \cdot Al_2O_3$）等。

水泥砂浆是水泥、沙子和水的混合物，它是建筑用的黏合剂，可把砖、石等黏结起来。水泥、沙子和碎石的混合物叫混凝土。混凝土通常用钢筋做结构，这就是我们常说的钢筋混凝土结构。钢筋混凝土的强度大，常用来建造高楼大厦、桥梁等高大的建筑。

我国是世界上生产和使用水泥制品最多的国家。

2. 玻璃

玻璃及其制品和人们的生活关系十分密切，作为包装材料，在食品工业中也被广泛使用。

制造普通玻璃的原料是纯碱、石灰石和石英。生产时，把原料粉碎，按适当的比例混合，放入玻璃窑中加强热，原料熔融后，发生了较复杂的物理变化和化学变化，其中主要的化学反应是：

$$Na_2CO_3+SiO_2 \xlongequal{高温} Na_2SiO_3+CO_2\uparrow$$

$$CaCO_3+SiO_2 \xlongequal{高温} CaSiO_3+CO_2\uparrow$$

在制造玻璃的过程中，如果加入某些金属氧化物，还可以制成有色玻璃。例如，加入氧化钴（Co_2O_3）后的玻璃呈蓝色，加入氧化亚铜（Cu_2O）后的玻璃呈红色。我们看到的普通玻璃，一般都呈淡绿色，这是因为原料中混有二价铁的缘故。如果在玻璃制造过程中，预先掺进了对光敏感的物质，如氯化银、碘化银（统称卤化银）等，还有少量的氧化铜催化剂，就制成了变色玻璃。卤化银见光分解，变成许多黑色的银微粒，均匀地分布在玻璃里，阻挡光线通行，玻璃镜片因此显得暗淡。当回到稍暗一点的地方后，在氧化铜催化剂的促进下，银和卤素重新化合，生成卤化银，玻璃镜片又变得透明起来。

玻璃的种类很多，除上面介绍的普通玻璃、有色玻璃、变色玻璃外，还有其他一些玻璃，如石英玻璃、光学玻璃等。表 3-2 列出了几种玻璃的特点和用途。

表 3-2　几种玻璃的种类、特点和用途

玻璃种类	特　点	用　途
普通玻璃	在较低温度下易软化	窗玻璃、玻璃瓶、玻璃杯等
石英玻璃	膨胀系数小、耐酸碱、强度大、透光性好	化学仪器、高压水银灯、紫外灯的灯壳等
光学玻璃	透光性能好、有折光性和色散性	眼镜片、照相机、显微镜、望远镜用凹凸透镜等光学仪器
玻璃纤维	耐腐蚀、不怕烧、不导电、不吸水、隔热、吸声、防虫蛀	太空飞行员的衣服、玻璃钢等
钢化玻璃	耐高温、耐腐蚀、强度大、质轻、抗震裂	运动器材、微波通讯器材、汽车、火车窗玻璃等

3. 陶瓷

陶瓷在我国历史悠久。我们的祖先在新石器时代就已经能制造陶器了，到唐宋时期，制造技术已经达到很高的水平。唐朝的“三彩”、宋朝的“钧瓷”举世闻名，流传至今。我国作为陶瓷的故乡，特别是陶都宜兴的陶器和瓷都景德镇的瓷器，在世界上都享有盛誉。

陶瓷的种类很多，根据原料和烧制温度的不同，主要分为土器、陶器、瓷器等。例如，常见的砖、瓦属于土器，它是利用含杂质的黏土在一定的温度下烧制而成的。制瓷器的要求比较高，需要纯净的黏土作原料，烧制温度也相对高些。所以瓷器比陶器瓷体白净、质地致密。

一般烧制的陶瓷制品，表面比较粗糙，而且有不同程度的渗透性。为了弥补这一缺陷，常于烧制前在坯体表面涂一层釉，使成品光滑且不渗水。陶瓷具有抗氧化性、抗酸碱腐蚀、绝缘、耐高温、易成型等很多优点，因此，陶瓷制品一直为人们所喜爱。从地下挖出的古代陶瓷器，历经几千年后仍保持其本色，不但成为人们欣赏的艺术珍品，而且对后人研究历史也有很大帮助。如今，陶瓷仍广泛应用于生活和生产中，如日常生活中的部分餐具，电器中的绝缘瓷，建筑中的砖、瓦，化学实验室中的坩埚、蒸发皿等，都是陶瓷制品。

第五节　氧化还原反应

我们在初中化学中对氧化还原反应已有初步的了解，现在我们再从元素化合价的变化和电子得失的角度探讨氧化还原反应的本质，加深对氧化还原反应的认识。

一、化学反应的类型

正如我们可以根据物质的组成和性质，将物质分成单质、氧化物、酸、碱、盐等若干类那样，我们也可以把化学反应分成若干类。这样，不仅学习时更简便，而且也有利于了解各类化学反应的本质。化学反应从不同的角度可以有多种分类方法。例如，在初中化学中，我们曾学习过两种不同的分类方法。

① 根据反应物和生成物的类别以及反应前后物质种类的多少，把化学反应分为化合反应、分解反应、置换反应、复分解反应。这就是我们通常所说的 4 种基本类型的反应，见表 3-3。

表 3-3　4 种基本类型的反应

反应类型	表达式	举例
化合反应	$A+B=AB$	$H_2+Cl_2\xlongequal{点燃}2HCl$
分解反应	$AB=A+B$	$NH_4Cl\xlongequal{\triangle}NH_3\uparrow+HCl\uparrow$
置换反应	$A+BC=AC+B$	$Fe+CuSO_4=Cu+FeSO_4$
复分解反应	$AB+CD=AD+CB$	$NaOH+H_2SO_4=Na_2SO_4+H_2O$

② 根据反应中物质是否得到氧或失去氧，把化学反应分为氧化反应和还原反应，见表 3-4。

表 3-4　氧化反应和还原反应

反应类型	得失氧情况	举例
氧化反应	物质得到氧	$2Cu+O_2\xlongequal{点燃}2CuO$
还原反应	物质失去氧	在 $CuO+H_2\xlongequal{\triangle}Cu+H_2O$ 的反应中，氧化铜失去氧而变成单质铜的反应

4 种基本类型的分法是一种重要的分类方法。但由于这种分类方法更多地是从

形式上划分的，因此，没能较深入地反映化学反应的本质，也不能包括所有的反应。

同样，从物质在反应中是否得氧和失氧的角度把化学反应分为氧化反应和还原反应，也是不够全面的，它把一个反应中同时发生的两个过程人为地分隔开了。因而，也不能反映该反应的本质。

由此说明，我们在化学学习的初级阶段，学习的一些概念和原理往往是不全面的，这些概念和原理常常有它们自己的适用范围。因此，我们应该正确地、恰当地看待这些初始阶段的概念和原理，并注意它们今后的发展，以科学的态度来学习化学。下面，我们根据化学反应中是否有电子转移（得失或偏移），来学习一类重要的化学反应——氧化还原反应。

二、氧化和还原

我们来分析比较下列化学反应：

化合价升高被氧化　　　　化合价降低被还原

$$2Cu + O_2 \xlongequal{点燃} 2CuO \qquad CuO + H_2 \xlongequal{\triangle} Cu + H_2O$$

铜和氧气反应，铜发生了氧化反应，在此反应中铜的化合价从 0 升到 +2；氧化铜和氢气反应，铜发生了还原反应，反应中铜的化合价从 +2 降到 0。再看下列反应：

化合价升高被氧化

$$Cu + Cl_2 \xlongequal{点燃} CuCl_2$$

化合价降低被还原

$$CuSO_4 + Fe \xlongequal{} FeSO_4 + Cu$$

反应中 Cu 元素的化合价变化和前面两反应相似。虽然化学反应中没有得氧和失氧的过程，但在本质上与上述反应是相同的，都属于氧化还原反应。其共同的特征是参加反应的物质中有某些元素的化合价改变了，其中元素化合价升高（表现为原子或离子失去电子）的反应为氧化反应，元素化合价降低（表现为原子或离子得到电子）的反应为还原反应。而且氧化和还原发生在同一个反应中，只是对不同物质而言。我们把反应过程中有电子得失或偏移的化学反应叫做氧化还原反应。在氧化还原反应中元素化合价升降的总数（即电子转移的总数）相等。

三、氧化剂和还原剂

在氧化还原反应中，凡是失去电子（或共用电子对偏离）化合价升高的物质叫做还原剂；凡得到电子（或共用电子对偏向），化合价降低的物质叫做氧化剂。

例如：

$$\overset{2e^-}{\overline{Cu \quad + \quad 4HNO_3}}(浓) = Cu(NO_3)_2 + 2NO_2\uparrow + 2H_2O$$

还原剂　　氧化剂

$$\overset{2e^-}{\overline{H_2 \quad + \quad Cl_2}} = 2HCl$$

还原剂　　氧化剂

常见的氧化剂有活泼的非金属元素 Cl_2、O_2 及 Na_2O_2、H_2O_2、HClO、NaClO、$KClO_3$、$KMnO_4$、$K_2Cr_2O_7$、浓 H_2SO_4、HNO_3 等。

常见的还原剂有活泼的金属元素 K、Na、Mg、Al 及 C、H_2、CO、H_2S、SO_2 等。

在有些氧化还原反应中，氧化剂和还原剂是同一种物质。

例如：

$$2KClO_3 \xrightarrow{} 2KCl + 3O_2\uparrow \quad (2e^-)$$

$KClO_3$ 在反应中既是氧化剂又是还原剂。

例：分析 $Zn + H_2SO_4 = ZnSO_4 + H_2\uparrow$ 在反应中，什么元素被氧化？什么元素被还原？哪种物质是氧化剂？哪种物质是还原剂？标出电子转移的方向和总数。

解：

$$\overset{2e^-}{\overline{Zn \quad + \quad H_2SO_4}} = ZnSO_4 + H_2\uparrow$$

Zn 被氧化，Zn 是还原剂；H 被还原，H_2SO_4 是氧化剂。

本 章 小 结

非金属元素位于元素周期表的右上方，虽然为数不多，但形成的物质非常多，如单质、氧化物、酸、碱、盐等。本章主要介绍了氯、硫、氮、硅及其主要化合物的知识。

一、卤族元素

1. 卤素

卤素是一族非金属元素，原子最外电子层都有 7 个电子，在化学反应中很容易得到电子，是典型的非金属元素。具有很强的非金属性，它们的单质都是强氧化剂。

2. 氯气

氯气与金属反应生成金属氯化物，与氢气反应生成氯化氢，与水反应生成次氯酸和盐酸。

二、硫

1. 氧族元素

氧族元素的原子结构相似，最外电子层都有6个电子，在化学反应中很容易得到电子，具有氧化性，化学性质相似。

2. 硫及其重要化合物的性质

$$H_2S \rightleftharpoons S \qquad H_2SO_3 \rightleftharpoons SO_2$$

$$S \longrightarrow SO_2 \longrightarrow SO_3 \longrightarrow H_2SO_4 \longrightarrow Na_2SO_4$$

$$SO_3 \longrightarrow Na_2SO_4 \qquad S \longrightarrow FeS$$

$$H_2SO_4 \longrightarrow (NH_4)_2SO_4 \longrightarrow BaSO_4 \qquad Na_2SO_4 \longrightarrow BaSO_4$$

3. SO_4^{2-} 的检验

先用稀硝酸将被检验的溶液酸化，然后加入 $BaCl_2$［或 $Ba(NO_3)_2$］溶液，如果有白色沉淀生成，则说明原溶液中有 SO_4^{2-} 存在。

三、氮

1. 氮族元素

氮族元素位于元素周期表的第ⅤA族，随着核电荷数的增加，得电子能力减弱，失电子能力增强，非金属性减弱，金属性增强。

2. 氮气

① 氮气分子的结构稳定，化学性质很不活泼，但在一定条件下也能跟某些物质反应。

② 氮的氧化物较多，但重要的氧化物是一氧化氮和二氧化氮。

3. 氨和铵盐

① 氨易液化，极易溶于水，水溶液为氨水，具有弱碱性，与酸反应生成铵盐。

② 铵盐受热容易分解，能与碱起反应。

$$NH_4Cl \overset{\triangle}{=\!=\!=} NH_3\uparrow + HCl \qquad NH_4^+ + OH^- \overset{\triangle}{=\!=\!=} NH_3\uparrow + H_2O$$

常利用与碱液生成 NH_3 的反应来检验 NH_4^+ 的存在。

4. 硝酸

(1) 通性　稀硝酸具有酸的通性。

(2) 特性

① 不稳定性：见光或受热易分解。

② 氧化性：能跟金属发生氧化还原反应，能跟某些非金属发生氧化还原反应。

四、硅

① 硅晶体呈黑灰色，有金属光泽，硬度大、质脆、熔点、沸点较高。用作半导体材料，合金可用于制造许多部件或设备。

② 氧化硅熔点高、硬度大。常用于制造玻璃、电子部件、光学仪器、建筑材料。

③ 传统的硅酸盐工业产品主要有水泥、玻璃、陶瓷等。

五、氧化还原反应

1. 氧化还原反应

凡有电子转移（得失或偏移）的反应称为氧化还原反应。元素化合价升高（表现为原子或离子失去电子）的反应为氧化反应，元素化合价降低（表现为原子或离子得到电子）的反应为还原反应。

2. 氧化剂和还原剂

在氧化还原反应中，凡是失去电子（或共用电子对偏离）化合价升高的物质叫做还原剂；凡能得到电子（或共用电子对偏向），化合价降低的物质叫做氧化剂。

复 习 题

一、选择题

1. 在常温下，下列物质可盛放在铁制容器或铝制容器中的是（ ）。

A. 盐酸 B. 稀硫酸 C. 浓硫酸 D. 硫酸铜溶液

2. 下列物质久置在敞口的容器中，质量会增加的是（ ）。

A. 盐酸 B. 浓硫酸 C. 蒸馏水 D. 氯化钠

3. 下列对 H_2S 的有关叙述，正确的是（ ）。

A. 硫化氢分子很稳定，也没有毒性

B. 硫化氢分子中所有原子的最外电子层都达到 8 电子结构

C. 将硫化氢通入溴水，溴水褪色

D. 硫化氢是电解质，其电离方程式是 $H_2S \longrightarrow 2H^+ + S^{2-}$

4. 通常情况下能大量共存并且都能用浓硫酸干燥的一组气体是（ ）。

A. SO_2、H_2O、O_2　　B. CO、H_2、Cl_2

C. HBr、H_2、Cl_2　　D. HCl、CO_2、N_2

5. 氮分子的结构很稳定，原因是（　　）。

A. 氮分子是双原子分子　　B. 氮是分子晶体　　C. 氮有多种化合价

D. 氮分子中有3个共价键，其键能大于一般的双原子分子

6. 下列气体中只能用排水法收集的是（　　）。

A. CO_2　B. NO　C. NO_2　D. H_2

7. 氨水呈弱碱性是由于（　　）。

A. 常温下溶于水中的氨很少　　B. 氨分子很难电离

C. 氨溶于水中，大部分与水结合成一水合氨，一水合氨只有很小部分电离

D. 氨是共价化合物，分子组成中不含离子

8. 下列不属于铵盐的共有性质的是（　　）。

A. 都是晶体　　B. 都能溶于水　　C. 常温时易分解

D. 都能跟碱起反应放出氨气

9. 能将NH_4Cl、$(NH_4)_2SO_4$、$NaCl$、Na_2SO_4 4种溶液一一区分开的试剂是（　）。

A. $NaOH$　　B. $AgNO_3$　　C. $BaCl_2$　　D. $Ba(OH)_2$

10. 氮的某种氧化物是同体积氢气质量的22倍，其中氧化物中氮与氧两种元素的质量之比是7∶4，则该氧化物的化学式是（　）。

A. N_2O　B. NO　C. N_2O_3　D. NO_2

11. 下列物质中，能直接用作半导体材料的是（　　）。

A. 金刚石　　B. 石墨　　C. 硅　　D. 铅

12. 下列叙述中，正确的是（　　）。

A. 碳族元素都是非金属元素，其非金属性随核电荷数的增加而减弱

B. 碳族元素的单质都有导电性

C. 硅酸的酸性比碳酸的酸性弱

D. 硅酸的酸性比碳酸的酸性强

13. 下列物质中不能发生反应的是（　　）。

A. 二氧化硅与氧化钙（高温）　　B. 二氧化硅与氢氧化钠（常温）

C. 二氧化硅与碳（高温）　　D. 二氧化硅与浓硝酸（常温）

14. 下列物质不与水反应的是（　　）。

A. SO_2　　B. CO_2　　C. SiO_2　　D. CaO

15. 下列叙述中，正确的是（　）。

A. 自然界中存在大量单质硅

B. 石英、水晶、硅石的主要成分都是二氧化硅

C. 二氧化硅的化学性质活泼，能跟酸碱发生化学反应

D. 二氧化硅是良好的半导体材料

二、简答题

1. 怎样确定瓶中的硫酸是浓硫酸还是稀硫酸？

2. 用化学方法鉴别下列各组物质。

(1) KCl 和 KI

(2) Na_2CO_3、NaCl 和 $NaNO_3$

(3) $BaSO_4$ 和 $BaCO_3$

3. 在 5 个集气瓶里分别装有下列各种气体：氮气、氧气、氯气、二氧化碳和二氧化硫。根据哪些性质鉴别它们？写出有关反应的化学方程式。

4. 硝酸、硫酸、盐酸的性质有什么相同点和不同点？怎样用实验的方法来鉴别这 3 种酸？

三、解释下列现象

1. 浓硫酸放在敞口容器中，质量会增大。

2. 蔗糖放入浓硫酸中会炭化。

3. 用稀硫酸在纸上写字后，以火烘烤字迹，写过字的地方变成黑色。

4. 铜与浓硫酸反应，不产生 H_2，而产生 SO_2。

5. 把锌粒放入稀硫酸里，会产生氢气。

四、依次写出下列变化的化学方程式，并注明反应发生的条件。

NH_3 ← N_2（N_2 向上箭头至 NH_3）

$N_2 \rightarrow NO \rightarrow NO_2 \rightarrow HNO_3 \rightarrow NH_4NO_3$

$Si \underset{(2)}{\overset{(1)}{\rightleftharpoons}} SiO_2$，$SiO_2 \xrightarrow{(3)} CaSiO_3$，$SiO_2 \xrightarrow{(4)} Na_2SiO_3$

五、3.5mol/L 的稀硝酸溶液 50mL 与足量的铜起反应，生成多少克硝酸铜？计算生成的一氧化氮在标准状况下的体积。

六、判断下列反应哪些是氧化还原反应，哪些不是，是氧化还原反应的指出哪些物质是氧化剂，哪些物质是还原剂。

1. $H_3PO_4 + 2NaOH \longrightarrow Na_2HPO_4 + 2H_2O$

2. $HgCl_2 + 2NaOH \xlongequal{} HgO + H_2O + 2NaCl$

3. $Cu + HgCl_2 \xlongequal{} CuCl_2 + Hg$

4. $2FeCl_3 + SnCl_2 \xlongequal{} 2FeCl_2 + SnCl_4$

5. $4NH_3 + 5O_2 \xlongequal[\triangle]{Pt} 4NO + 6H_2O$

第四章　化学反应速率和化学平衡

通过对化学反应知识的学习，我们知道，只有在一定的条件下，化学反应才能进行，如氮气和氢气的反应，需要在高温高压和有催化剂存在的条件下才能进行。对此，我们可以从两个方面加以认识和了解：一是化学反应进行的快慢，即化学反应速率的问题；二是反应进行的程度，也就是化学平衡的问题。这两个问题对我们学习化学和生产实践都很重要。

第一节　化学反应速率

一、化学反应速率基本概念

我们都知道，在生活和生产中，有些化学反应如炸药的爆炸，是瞬间就可以完成的，有些化学反应如煤、石油的形成，需亿万年的时间，可见化学反应速率差别很大。我们研究化学反应的规律，把握化学反应速率，能更好地为生产、生活服务。有时我们需要反应能尽快地完成，如化学产品的合成，像氨、聚乙烯等；有些时候，我们需要化学反应进行得越慢越好，如食物的腐败、金属的腐蚀等。

化学反应速率即在一定条件下，表明化学反应快慢的物理量，它的大小通常用单位时间（每秒、每分或每小时、每天等）内反应物浓度的减小或生成物浓度的增加来表示。其常用单位为 mol/(L·s) 或 mol/(L·h)。

例如在合成氨的反应 $N_2+3H_2 = 2NH_3$ 中，若开始时，N_2 和 H_2 的浓度分别为 2mol/L 和 6mol/L，经过 4s 后，测得 N_2、H_2 和 NH_3 的浓度分别为 1.6mol/L、4.8mol/L 和 0.8mol/L，那么该反应的反应速率若以反应物 N_2 来表示，则：

$v(N_2)=(2\text{mol/L}-1.6\text{mol/L})/4\text{s}=0.1\text{mol/(L}\cdot\text{s)}$

若以反应物 H_2 来表示，则：

$v(H_2)=(6\text{mol/L}-4.8\text{mol/L})/4\text{s}=0.3\text{mol/(L}\cdot\text{s)}$

若以生成物 NH_3 来表示，则：

$v(NH_3)=(0.8\text{mol/L}-0\text{mol/L})/4\text{s}=0.2\text{mol/(L}\cdot\text{s)}$

由此例可以知道，对于同一化学反应来说，当我们用不同的反应物或生成物的浓度变化来表示化学反应速率时，其大小是不一样的。因此，表示某个化学反应的反应速率时，必须注明是以反应中的哪一种物质来表示的。

二、影响化学反应速率的因素

我们知道，常温下，Na 与 H_2O 的反应非常剧烈，而 Fe 与 H_2O 的反应就比较缓慢，所以，化学反应速率应首先取决于反应物的本性，除此之外，诸如压强、浓度、温度和催化剂等外界条件对反应速率也有一定影响。

1. 浓度对反应速率的影响

［**实验 4-1**］ 取 2 支试管各放入碳酸钙 1.5g，其中一支试管加入 1mol/L 盐酸 10mL，另一支加入0.1mol/L盐酸 10mL，观察现象。

通过实验可以看到，加入 1mol/L 盐酸的试管里的气泡明显多于加入 0.1mol/L 盐酸的试管中的气泡。这说明浓度较大的盐酸与碳酸钙反应的速率大于浓度小的盐酸与碳酸钙反应的速率。

不仅仅是这个反应如此，大量的化学实验都证明了这一规律：**在其他条件不变的情况下，增加反应物的浓度，可以增大化学反应速率。**

2. 压强对化学反应速率的影响

对于气体物质来说，如果温度不变，当压强增大到原来的 2 倍时，气体的体积就缩小到原来的一半，单位体积内的分子数增多到原来的 2 倍，即浓度增加到原来的 2 倍。所以，**对于气体来说，压强对化学反应速率的影响实质上是浓度的影响，增大压强，就是增大气体的浓度，因而可以增大化学反应速率。**但是，对于固体和液体而言，由于压强改变时体积变化不大，因此，它们的浓度改变也就较小。所以，一般认为压强对固体和液体的化学反应速率没有影响。

3. 温度对化学反应速率的影响

我们都知道，室温下氢气和氧气结合成水的化学反应非常慢，以致很长时间都观察不到反应的发生。但是，若我们提高反应的温度，比如 600℃下，两者会发生剧烈的爆炸反应。又如，金属镁与沸水很快就能反应，而遇到冷水时，反应速率却特别的缓慢。可见温度对化学反应速率来说也是一个至关重要的因素。众多实验可以验证，**在浓度一定时，升高温度可以加快化学反应的反应速率。**

［**实验 4-2**］ 分别取两支试管，注入 5mL 0.05mol/L $Na_2S_2O_3$ 溶液。另外再取两支试管，分别注入 5mL 0.05mol/L H_2SO_4 溶液，然后将 4 支试管交叉分成两组，一组插入 0℃的冰水中，一组插入 70℃的热水中，几分钟后，分别将两试管中的溶液混合到一起，观察有什么现象发生。

我们可以看到，浑浊速度快的是插入 70℃热水中的一组试管。

试验表明：通常情况下，温度每升高 10℃，物质的化学反应速率就会增大到原来的 2～4 倍。例如，用高压锅煮米饭是生活中常做的事情，锅内压强高，温度也相应地升高，正常情况下 20min 做熟的米饭，用高压锅仅 8min 就可以了。

4. 催化剂对化学反应速率的影响

我们把**在化学反应里能改变其他物质的化学反应速率，而本身的质量和化学性质在化学反应前后都没有发生改变的物质叫做催化剂**。在初中化学课程的学习中我们已经知道在 MnO_2 存在的情况下，加热 $KClO_3$ 能很快分解产生 O_2，而不加 MnO_2，加热 $KClO_3$ 很难分解。又如合成氨工业中在铁触媒（以铁为主的多成分催化剂）的催化作用下，N_2 和 H_2 的反应速率会加快，而如若没有催化剂只是单纯地提高温度和增大压强，其反应速率仍是十分缓慢的。这说明催化剂加快了反应速率。

催化剂在现代工业生产中起着十分重要的作用，具有很大的使用价值。另外，食品发酵工艺中使用的酶制剂，生物体内的各种酶，其实都是催化剂，它们能加快多种生物化学反应的进行。比如蛋白酶可以促进蛋白质的水解等。

除了以上介绍的浓度、温度、压强（有气态物质参与的反应）、催化剂之外，反应物颗粒的大小、溶剂等诸多因素都会影响化学反应速率。

第二节　化学平衡

在化学研究及化工生产中，我们不仅要关注化学反应的快慢，还要关注有多少反应物转化成生成物，即反应进行到了何种程度，这就是我们这一节要学习的化学反应平衡问题。化学平衡主要是研究可逆反应规律的，如反应进行的程度以及各种条件对反应进行程度的影响等。

一、可逆反应

化学反应依照其反应程度可区分为可逆反应与不可逆反应，而大多数的反应则属于不可逆反应。

不可逆反应指化学反应只朝着生成物方向进行，以“$=\!=\!=$”表示。

如室温下氢气燃烧生成 H_2O，而生成的水不能在室温下分解产生氢气和氧气，属于不可逆反应。

$$H_2 + O_2 =\!=\!= H_2O$$

又如实验室制备氧气时，MnO_2 作催化剂，氯酸钾受热分解生成氯化钾和氧气，而在相同的条件下，氯化钾和氧气却不能化合生成氯酸钾。

$$2KClO_3 \xlongequal[\triangle]{MnO_2} 2KCl + O_2\uparrow$$

而可逆反应指的是化学反应中，正反应和逆反应同时进行，不但反应物相互反应生成生成物，同时生成物亦能相互反应生成原来的反应物，用"$\rightleftharpoons$"表示。如，密闭容器中，无色的 N_2O_4 会分解生成棕红色的 NO_2；在反应的同时，NO_2 也会相互结合为 N_2O_4。

$$N_2O_4(g) \rightleftharpoons 2NO_2(g)$$

又如氯气和水发生反应生成 HCl 和 HClO，同时，HCl 和 HClO 又能发生反应转化为原来的氯气和水，所以，氯水是一个组成很复杂的混合物。

$$Cl_2 + H_2O \rightleftharpoons HCl + HClO$$

对可逆反应来说，我们通常把从左到右的反应叫做正反应，把从右到左的反应叫做逆反应。

二、化学平衡

将 0.01mol CO 和 0.01mol $H_2O(g)$ 通入容积为 1L 的密闭容器里，在催化剂的条件下加热到 800℃，结果生成了 0.005mol CO_2 和 0.005mol H_2，即

$$CO + H_2O(g) \underset{800℃}{\overset{催化剂}{\rightleftharpoons}} CO_2 + H_2$$

而反应物 CO 和 $H_2O(g)$ 各剩余 0.005mol。如果不改变反应的温度，无论反应进行多长时间，容器内各种气体的浓度都不会发生变化。

当反应开始时，CO 和 $H_2O(g)$ 的浓度最大，它们反应生成 CO_2 和 H_2 的正反应速率最大；而 CO_2 和 H_2 的起始浓度为 0，因而此时两者反应生成 CO 和 $H_2O(g)$ 的逆反应速率为 0。随着反应的进行，CO 和 $H_2O(g)$ 的浓度逐渐减小，正反应速率逐渐减小，而 CO_2 和 H_2 的浓度逐渐增大，逆反应速率会逐渐增大。经过一段时间，将会出现正逆反应速率相等的情况。这时，单位时间内正反应消耗的 CO 和 $H_2O(g)$ 的分子数恰好等于逆反应生成的 CO 和 $H_2O(g)$ 的分子数，即达到一个平衡状态。

综上所述：**化学平衡状态是指在一定条件下的可逆反应里，正反应和逆反应的速率相等，反应混合物中各组成成分的质量分数保持不变的状态。**

当反应达到平衡状态时，正反应和逆反应都仍在继续进行，只是由于在同一瞬间，正反应和逆反应的速率相等，因此反应的混合物中各组分的浓度不变。由此可见，化学平衡是一种动态平衡。

三、化学平衡常数

化学平衡常数指的是当反应达到平衡状态时，各物质浓度相对稳定，生成物浓度的幂乘积与反应物浓度的幂乘积的比值，用"K"表示。

对于任一可逆反应

$mA+nB \rightleftharpoons pC+qD$，其 K 值为：

$$K=\frac{[C]^p\times[D]^q}{[A]^m\times[B]^n}$$

式中 [A]、[B]、[C]、[D] 为反应物和生成物平衡时的浓度，p、q、m、n 为反应式中各相应化学式前的系数。

K 值越大，表示反应正向进行的程度越大；K 值越小，表示反应正向进行的程度越小。

对于同一可逆反应来说，在温度一定时，K 值是一个常数，不受浓度变化的影响，但当温度不同时，化学平衡常数有不同的数值。

四、化学平衡的移动

化学平衡只有在一定的条件下才能保持，是可逆反应在一定条件下的相对的、暂时的稳定状态。如果我们改变外界条件，如浓度、温度、压强等，正反应速率和逆反应速率就会不再相等，化学反应的平衡状态就会遭到破坏，各组分的浓度就会随之改变，直到在新的条件下达到新的平衡。我们把**可逆反应中旧化学平衡的破坏、新化学平衡产生的过程叫做化学平衡的移动。**

下面，我们着重讨论浓度、压强和温度的改变对化学平衡的影响。

1. 浓度对化学平衡的影响

[实验 4-3]　在一个小烧杯里混合 10mL 0.01mol/L $FeCl_3$ 溶液和 10mL 0.01mol/L KSCN（硫氢化钾）溶液，溶液立即变成红色。将该溶液平均分装在 3 支试管中。在第一支试管中加入少量 1mol/L $FeCl_3$ 溶液，在第二支试管中加入少量 1mol/L KSCN 溶液。观察这 2 支试管内溶液颜色的变化，并与第三支试管中的溶液的颜色相比较。

$FeCl_3$ 与 KSCN 起反应，生成红色的 $Fe(SCN)_3$ 和 KCl，这个反应的化学平衡可以表示为：

$$FeCl_3+3KSCN \rightleftharpoons 3KCl+Fe(SCN)_3$$

从上面的实验可知，在平衡混合物里，当加入 $FeCl_3$ 或 KSCN 溶液后，试管中溶液的颜色都变深了。这说明生成了更多的硫氰化铁，即增大任何一种反应物的浓度都会促使化学平衡向正反应方向移动。

其他实验也可以证明，当化学反应达到平衡时，增大生成物的浓度，平衡会向逆反应方向移动。

综上所述，**在其他条件不变的情况下，增大反应物的浓度或减小生成物的浓度，都可以使化学平衡向正反应的方向移动；增大生成物的浓度或减小反应物的浓度，都可以使化学平衡向逆反应方向移动。**

在工业生产上，往往采用增大容易得到的或成本较低的反应物浓度的方法，使成本较高的原料得到充分利用。例如，在硫酸工业里，常用过量的空气使二氧化硫充分氧化，以生成更多的三氧化硫。

2. 压强对化学平衡的影响

在处于平衡状态的化学反应里，只要反应物或生成物里有气态物质存在时，改变压强也常常会使化学平衡发生移动。

例如，把一定体积的 NO_2 和 N_2O_4 混合气体注入注射器中，将细管端密封。在一定的条件下，NO_2 和 N_2O_4 处于化学平衡状态，即：

$$\underset{\text{(红棕色)}}{2NO_2} \rightleftharpoons \underset{\text{(无色)}}{N_2O_4}$$

反复推拉活塞的过程中，我们看到混合气体的颜色会发生变化。当往外拉活塞时，混合气体的颜色先变浅后变深。这是因为气体体积增大后，压强减小，浓度变低，导致颜色变浅，但同时化学平衡向生成 NO_2 的方向移动，生成了更多的 NO_2，颜色又变深。往里推活塞时，混合气体的颜色先变深又逐渐变浅，这是因为气体体积减小，压强增大，浓度增大，导致颜色变深，但同时化学平衡逐渐向着生成 N_2O_4 的方向移动，生成更多的 N_2O_4，颜色变浅。

实验证明：对反应前后气体总体积发生变化的化学反应，在其他条件不变的情况下，增大压强，会使平衡向着气体体积缩小的方向移动；减小压强，会使化学平衡向着气体体积增大的方向移动。

但在有些反应里，反应前后气体物质的总体积没有发生变化，
例如：

$$\underset{\text{(2体积)}}{2HI(g)} \rightleftharpoons \underset{\text{(1体积)}}{H_2(g)} + \underset{\text{(1体积)}}{I_2(g)}$$

在这种情况下，增大或减小压强都不能使化学平衡移动。

固态物质或液态物质的体积，受压强的影响很小，可以忽略不计，因此，如果平衡混合物都是固体时，可以认为改变压强不能使化学平衡移动。

3. 温度对化学平衡的影响

化学反应总是伴随着能量的变化。在放热或吸热的可逆反应里，反应混合物达到平衡状态后，改变温度也会使化学平衡发生移动。

[**实验 4-4**] 把 NO_2 和 N_2O_4 的混合气体盛在两个连通的烧瓶里夹住橡皮管，把其中一个烧瓶放入冷水中，把另一个放入热水中，观察混合气体颜色的变化，并与常温状态盛有相同混合气体的烧瓶中的颜色对比。

在 NO_2 生成 N_2O_4 的反应中，正反应是放热反应，逆反应是吸热反应。

$$2NO_2 \rightleftharpoons N_2O_4$$

从上面的实验可知，放入热水中受热的混合气体颜色变深，说明 NO_2 浓度增大，即平衡向逆反应方向移动，放入冷水中的混合气体颜色变浅，说明 N_2O_4 浓度增大，平衡向正反应方向移动。

由此可见，在其他条件不变的情况下，温度升高，会使化学平衡向着吸热的方向移动；温度降低，会使化学平衡向着放热的方向移动。

浓度、压强、温度等外界因素的变化对化学平衡的影响可以概括为**平衡移动原理，也叫吕·查德里原理：如果改变影响平衡的一个条件（如浓度、压强或温度等），平衡就向能减弱这种改变的方向移动。**

由于催化剂能同等程度地增加正反应速率和逆反应速率，因此，这对化学平衡没有影响，但它能改变达到平衡所需的时间。

本 章 小 结

一、化学反应速率

化学反应速率是表明化学反应进行快慢的物理量，通常用单位时间内反应物浓度的减少或生成物浓度的增加来表示，其单位为 mol/(L·s) 或 mol/(L·min) 等。

化学反应速率首先取决于反应物的本性。此外，外界条件对化学反应速率也有一定影响。其主要因素是浓度、压强、温度和催化剂等。

二、化学平衡

1. 可逆反应

在一定条件下，同时向两个相反方向进行的反应就叫做可逆反应。

2. 化学平衡

在一定条件下的可逆反应里，正反应速率和逆反应速率相等时，达到化学平衡。化学平衡是一种动态平衡。在平衡时，反应混合物中各组成成分的质量分数保持不变。

3. 化学平衡移动原理（吕·查德里原理）

如果改变影响平衡的一个条件（浓度、压强、温度等），平衡就向能够使这种改变减弱的方向移动。具体分述如下。

（1）浓度　增大反应物浓度或减小生成物浓度，平衡向正反应方向移动；减小反应物浓度或增大生成物浓度，平衡向逆反应方向移动。

（2）温度　升高温度，平衡向吸热反应方向移动；降低温度，平衡向放热反应方向移动。

（3）压强　增大压强，平衡向气体体积缩小的方向移动；减小压强，平衡向气体体积增大的方向移动。

（4）催化剂　对化学平衡的移动没有影响。

复 习 题

一、填空题

1. 影响化学反应速率的外界条件是______、______、______、______，一般来说，当其他条件不变时，______，______或______都可以使化学反应速率增大，而______只对有气体参加或生成的反应有影响。

2. 化学反应速率通常是用______或______来表示的，单位是______或______。

3. 化学平衡常数 K 值随______变化而变化，但不随______的改变而改变。

4. 在一定条件下，下列反应达到平衡：

$2HI(g) \rightleftharpoons H_2(g) + I_2(g)$（正反应是吸热反应）

如果升高温度，平衡混合物的颜色______。

如果加入一定量的 H_2，平衡向______方向移动。

如果使密闭容器的体积增大，平衡向______方向移动。

二、选择题

1. 关于化学平衡的叙述，下列说法中正确的是（　　）。

A. 化学平衡是静态平衡

B. 反应物的消耗浓度一定和生成物的消耗浓度相等

C. 正反应速率和逆反应速率相等

D. 反应混合物里各组成成分的质量分数一定相等

2. 下列说法中正确的是（　　）。

A. 可逆反应的特征是正反应速率和逆反应速率相等

B. 其他条件不变时，升高温度可以使化学平衡向放热反应的方向移动

C. 其他条件不变时，增大压强会破坏有气体存在的反应的平衡状态

D. 其他条件不变时，使用催化剂可以改变化学平衡速率，但不能改变平衡状态

3. 下列反应达到平衡后，增大压强或升高温度，平衡都会向正反应方向移动的是（　　）。

A. $2NO_2 \rightleftharpoons N_2O_4$（正反应为放热反应）

B. $3O_2 \rightleftharpoons 2O_3$（正反应为吸热反应）

C. $H_2(g) + I_2(g) \rightleftharpoons 2HI(g)$（正反应为吸热反应）

D. $NH_4HCO_3(s) \rightleftharpoons NH_3\uparrow + H_2O + CO_2\uparrow$（正反应为吸热反应）

4. 在 $2NO + O_2 \rightleftharpoons 2NO_2 + Q$ 的化学平衡中，通入 O_2 平衡将（　　）。

A. 向正反应方向移动　　B. 不移动

C. 向逆反应方向移动　　D. 无法判断

5. 对于达到平衡状态的可逆反应 $N_2+3H_2 \xrightleftharpoons[\text{高温高压}]{\text{催化剂}} 2NH_3$（正反应为放热反应），下列叙述中正确的是（　）。

A. 反应物和生成物的浓度相等

B. 反应物和生成物的浓度不再变化

C. 降温时，平衡混合物中 NH_3 的浓度减小

D. 增大压强，不利于氨的合成

6. 下列平衡体系中，若改变压强，平衡不发生移动的是（　　）。

A. $2HI(g) \rightleftharpoons H_2(g)+I_2(g)$　　B. $N_2+3H_2 \rightleftharpoons 2NH_3$

C. $2SO_2+O_2 \rightleftharpoons 2SO_3$　　D. $2NO+O_2 \rightleftharpoons 2NO_2$

7. 用 NO_2 制成 HNO_3 时，在吸收塔里发生如下反应：

$3NO_2+H_2O \rightleftharpoons 2HNO_3+NO$（正反应为放热反应）

为提高 HNO_3 产量，应采取的措施是（　　）。

A. 降温　B. 升温　C. 减压　D. 增压

三、问答题

1. 当人体吸收较多的 CO 时，会引起 CO 中毒，这是由于 CO 跟血液里的血红蛋白结合，使血红蛋白不能很好地跟氧气结合，人因缺少氧气而窒息，甚至死亡。这个反应可表示为：

$$\text{血红蛋白}—O_2+CO \rightleftharpoons \text{血红蛋白}—CO+O_2$$

运用化学平衡理论，简述抢救 CO 中毒者应采取哪些措施。

2. 牙齿的损坏实际是牙釉质 $[Ca_5(PO_4)_3OH]$ 溶解的结果。在口腔中存在如下平衡：

$$[Ca_5(PO_4)_3OH] \rightleftharpoons 5Ca^{2+}+3PO_4^{3-}+OH^-$$

当糖附着在牙齿上发酵时，会产生 H^+，试运用化学平衡理论说明经常吃甜食对牙齿产生的影响。

3. 采用哪些方法可以增大 Fe 和 HCl 的化学反应速率？

4. 下列反应达到化学平衡时：

$$2SO_2(g)+O_2 \rightleftharpoons 2SO_3(g)\quad\text{（正反应为放热反应）}$$

如果其他条件不变时，分别改变下列条件：增加压强；增大 O_2 的浓度；减少 SO_2 的浓度；升高温度；使用催化剂，将对化学平衡有什么影响？简要说明理由。

5. 在两支装有大理石的试管中，分别加入 0.1mol/L 的 HCl 和 0.05mol/L 的 HCl 溶液，哪个反应快？为什么？

第五章　电解质溶液

在初中化学中我们已经知道电解质是指在水溶液中或熔融状态下能够导电的化合物，这类化合物的一些性质我们已初步了解。在本章将进一步学习有关电解质的知识，更好地认识酸、碱、盐在水溶液里所发生的反应。

第一节　离子反应

我们已经知道氯化钠、硝酸钾、氢氧化钠等化合物在固体状态下不能导电，但它们的水溶液都能够导电；如果把它们加热至融化也能够导电。原因是它们在水溶液里或融化状态下能电离出自由移动的离子，在电极的作用下发生了定向移动，产生了电流。像这种在水溶液里或熔融状态下能够导电的化合物叫做电解质。还有一些化合物无论在水溶液里还是熔融状态下都不能导电，这类化合物叫非电解质，例如，酒精、蔗糖等。

一、强电解质和弱电解质

酸、碱、盐都是电解质，它们的水溶液都能导电。但是在相同条件下它们的导电能力是否一样呢？下面来做一个实验。

［实验 5-1］ 按图 5-1 所示把仪器连接好，然后把等体积的 0.2mol/L 盐酸、醋酸、氢氧化钠、氯化钠、氨水的水溶液，分别到入 5 个烧杯中，连接电源。注意观察灯泡发光的明亮程度。

实验结果表明，连接插入醋酸溶液和氨水的电极上的灯泡比较暗，而连接插入盐酸、氢氧化钠、氯化钠溶液的电极上的灯泡比较亮。由此可见在同样条件下，不同种类的电解质其导电能力是不同的，这是什么原因造成的呢？

电解质溶液之所以能够导电，是由于溶液里有自由移动的离子存在。溶液导电性的强弱与单位体积溶液里自由移动的离子数目有关，即与离子的浓度大小有关。也就是说，在相同条件下，导电性强的溶液里能自由移动的离子浓度一定比导电性弱的溶液里的大。这说明，电解质在溶液里电离的程度是不一样的。根据电解质在溶液里电离能力的大小不同，可将电解质分为强电解质和弱电解质。

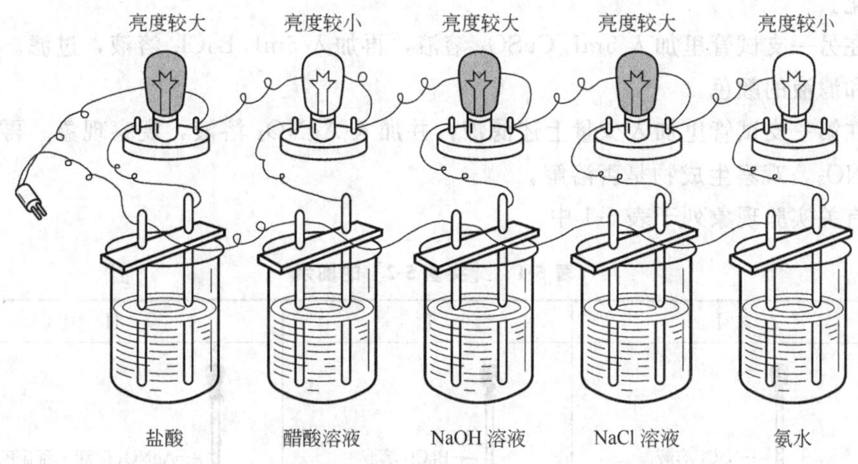

图 5-1　不同电解质在相同条件下的导电情况

1. 强电解质

实验证明，强酸、强碱和大多数盐都是强电解质，它们在水溶液里全部以离子形式存在。用"═══"表示完全电离，例如，HCl、NaOH、NaCl、Na_2SO_4 的电离方程式为：

$$HCl = H^+ + Cl^-$$

$$NaOH = Na^+ + OH^-$$

$$NaCl = Na^+ + Cl^-$$

$$Na_2SO_4 = 2Na^+ + SO_4^{2-}$$

这种在水溶液里分子能够完全电离成离子的电解质叫做强电解质。

2. 弱电解质

弱酸、弱碱和水都是弱电解质，它们在溶液里只有部分分子电离成离子，大部分仍以分子形式存在。用"$\rightleftharpoons$"符号表示弱电解质的电离。例如，醋酸、氨水的电离方程式为：

$$CH_3COOH \rightleftharpoons CH_3COO^- + H^+$$

$$NH_3 \cdot H_2O \rightleftharpoons NH_4^+ + OH^-$$

这种在水溶液里分子只能部分电离成离子的电解质叫做弱电解质。

二、离子反应

（一）离子反应和离子方程式

由于电解质溶于水后电离成离子，所以电解质在溶液里的反应实质上是离子之间的反应，这样的反应属于离子反应。

［**实验 5-2**］　在试管里加入少量 $CuSO_4$ 溶液，再加入少量 NaCl 溶液。观察有

无变化。

在另一支试管里加入 5mL $CuSO_4$ 溶液，再加入 5mL $BaCl_2$ 溶液，过滤。观察沉淀和滤液的颜色。

在第三支试管里加入少量上述滤液，并加入 $AgNO_3$ 溶液，观察现象。再滴入稀 HNO_3，观察生成物是否溶解。

有关实验现象列于表 5-1 中。

表 5-1 ［实验 5-2］的图示

编号	Ⅰ	Ⅱ	Ⅲ
实验	NaCl 溶液 $CuSO_4$ 溶液	$BaCl_2$ 溶液 $CuSO_4$ 溶液	$AgNO_3$ 溶液＋稀硝酸 实验Ⅱ中滤液
现象	没有明显变化，溶液仍为蓝色	有白色沉淀生成，滤液为蓝色	有白色沉淀生成，滴加稀硝酸，沉淀不溶解

通过对上述实验现象的分析，我们可以得出这样的结论：当 $CuSO_4$ 溶液和 NaCl 溶液混合时，没有发生化学变化，只是 $CuSO_4$ 电离出来的 Cu^{2+}、SO_4^{2-} 与 NaCl 电离出来的 Na^+、Cl^- 等的简单混合；当 $CuSO_4$ 溶液与 $BaCl_2$ 溶液混合时，溶液中存在 Cu^{2+}、SO_4^{2-}、Na^+、Cl^- 等，其中 SO_4^{2-} 和 Ba^{2+} 反应生成了难溶的 $BaSO_4$ 白色沉淀，Cu^{2+}、Cl^- 还是以离子的形式存在于溶液中。表示如下：

$$Cu^{2+}+SO_4^{2-}+Ba^{2+}+2Cl^- = Cu^{2+}+2Cl^-+BaSO_4\downarrow$$

也就是说，这个反应的实质是：

$$SO_4^{2-}+Ba^{2+} = BaSO_4\downarrow$$

同样地在第三支试管中发生了如下反应：

$$Ag^++Cl^- = AgCl\downarrow$$

这种用实际参加反应的离子符号和化学式来表示离子反应的式子叫做离子方程式。

怎样书写离子方程式呢？我们仍以硫酸铜溶液和氯化钡溶液的反应为例，说明书写离子方程式的步骤。

第一步，“写”。正确书写反应的化学方程式：

$$CuSO_4+BaCl_2 = CuCl_2+BaSO_4\downarrow$$

第二步，“改”。把易溶于水、易电离的电解质改写成离子形式，难溶于水或难电离的电解质以及气体等仍用化学式表示。上述化学方程式可改写成：

$$Cu^{2+} + SO_4^{2-} + Ba^{2+} + 2Cl^- \xlongequal{} Cu^{2+} + 2Cl^- + BaSO_4 \downarrow$$

第三步，“删”。删去方程式两边不参加反应的离子：

$$SO_4^{2-} + Ba^{2+} \xlongequal{} BaSO_4 \downarrow$$

第四步，“查”。检查离子方程式两边各元素的原子个数和电荷总数是否相等。

经检查，上述离子方程式两边各元素的原子个数和电荷总数都相等，所写的离子方程式正确。

（二）离子反应发生的条件

酸、碱、盐之间发生离子反应是有条件的。如果两种反应物都是易溶的强电解质，经过离子互换，仍然是两种易溶的强电解质，则这样的离子之间根本就没有反应。例如，将氯化钠溶液和硝酸钾溶液混合，溶液中一直都是 4 种离子：Na^+、Cl^-、K^+、NO_3^-，即没有发生离子反应。如果两种电解质在溶液中反应，生成物中有难溶物质、弱电解质或气体时，离子反应就能发生。

1. 生成难溶物质

例如，$BaCl_2$ 溶液和 Na_2SO_4 溶液的反应：

$$BaCl_2 + NaSO_4 \xlongequal{} BaSO_4 \downarrow + 2NaCl$$

离子方程式：$Ba^{2+} + SO_4^{2-} \xlongequal{} BaSO_4 \downarrow$

由于生成了难溶的硫酸钡沉淀，溶液中 Ba^{2+} 和 SO_4^{2-} 迅速减少，使离子反应发生并进行到底。

2. 生成挥发性物质（如气体）

例如，Na_2CO_3 溶液和 HCl 溶液的反应：

$$Na_2CO_3 + 2HCl \xlongequal{} 2NaCl + H_2O + CO_2 \uparrow$$

离子方程式：$CO_3^{2-} + 2H^+ \xlongequal{} H_2O + CO_2 \uparrow$

由于生成了二氧化碳气体，脱离溶液，溶液中 CO_3^{2-} 和 H^+ 迅速减少，使反应发生并进行到底。

3. 生成弱电解质（如水）

例如，NaOH 溶液和 HCl 溶液的反应：

$$NaOH + HCl \xlongequal{} NaCl + H_2O$$

离子方程式：　$OH^- + H^+ \xlongequal{} H_2O$

由于生成极难电离的水，溶液中 H^+ 和 OH^- 迅速减少，使反应发生并进行到底。

4. 有单质参加或生成

例如，有金属参加的置换反应

Zn 和 $CuSO_4$ 溶液的反应：

$$Zn + CuSO_4 \xlongequal{} Cu + ZnSO_4$$

离子方程式：　$Zn+Cu^{2+} = Zn^{2+}+Cu$

又如 Na 和 H_2O 的反应

$$2Na+2H_2O = 2NaOH+H_2\uparrow$$

离子方程式：　$2Na+2H_2O = 2Na^{+}+2OH^{-}+H_2\uparrow$

讨论：酸和碱可以发生中和反应生成盐和水，以 NaOH 溶液与盐酸的反应和 KOH 溶液与硫酸的反应为例，分析中和反应的实质。

酸　碱　盐　水

$$HCl+NaOH = NaCl+H_2O$$

$$H^{+}+OH^{-} = H_2O$$

$$H_2SO_4+2KOH = K_2SO_4+2H_2O$$

$$H^{+}+OH^{-} = H_2O$$

通过分析这两个反应的离子方程式，可以看出酸和碱发生中和反应的实质就是由酸电离出的氢离子和碱电离出的氢氧根离子结合生成水：

$$H^{+}+OH^{-} = H_2O$$

由此我们可以看出，离子方程式跟一般的化学方程式不同。离子方程式不仅可以表示一定物质间的某个反应，而且可以表示所有同一类型的离子反应。

例如，$H^{+}+OH^{-} = H_2O$，这个离子方程式不仅可以表示盐酸和氢氧化钠溶液的反应，而且可以表示所有的强酸和强碱反应生成可溶性的盐和水的中和反应。

第二节　水的离子积与溶液的 pH 值

研究电解质溶液时，往往要涉及溶液的酸碱性。溶液酸碱性的强弱通常用溶液的 pH 值的大小来表示，而溶液的酸碱性总是和水的电离有着密切的关系，因此我们在研究电解质溶液的性质之前先来学习水的离子积和溶液的 pH 值。

一、水的离子积

根据精确的科学实验证明，水是一种极弱的弱电解质，它的电离极其微弱，电离时生成 H_3O^{+} 和 OH^{-}。电离方程式如下：

$$H_2O+H_2O \rightleftharpoons H_3O^{+}+OH^{-}$$

通常简写为：　$H_2O \rightleftharpoons H^{+}+OH^{-}$

从纯水的导电实验测得，在 25℃时，每升纯水中只有 1×10^{-7} mol 的水分子发生了电离。由电离方程式可知一个水分子电离出一个氢离子和一个氢氧根离子，因此，1×10^{-7} mol 的水电离后产生的氢离子和氢氧根离子的物质的量各等于1×10^{-7} mol，也就是说纯水中氢离子和氢氧根离子的物质的量浓度也分别是1×10^{-7}mol/L，即：

$$c(H^+)=c(OH^-)=10^{-7}\text{mol/L}$$

在一定温度下，纯水和其他弱电解质一样也存在着电离平衡和电离平衡常数，其电离常数表示如下：

$$K=\frac{c(H^+)c(OH^-)}{c(H_2O)}$$

$$c(H^+)c(OH^-)=Kc(H_2O)$$

1L水的物质的量是55.6mol，电离的水分子的物质的量为1×10^{-7}mol，两者相比，已电离的水分子的物质的量可以忽略不计。所以电离前后，水的物质的量基本不变，可以看作一个常数。常数乘常数必然是一个新的常数，通常我们把它写作K_W。K_W是水中$c(OH^-)$和$c(H^+)$的乘积。我们把**K_W叫做水的离子积常数，简称为水的离子积**。水的离子积是一个很重要的常数，它反应了一定温度下水中氢离子浓度和氢氧根离子浓度之间的关系。在25℃时，纯水中氢离子浓度和氢氧根离子浓度都是1×10^{-7}mol/L，因此，在25℃时：

$$K_W=c(H^+)c(OH^-)=1\times10^{-7}\times1\times10^{-7}=1\times10^{-14}$$

由于水的电离是酸碱中和反应的逆反应，我们知道酸碱中和反应是放热反应，所以水的电离是一个吸热的过程。因此，随着温度的升高，水的电离程度就会增加，水电离出的氢离子浓度和氢氧根离子浓度就会增加，即水的离子积就会增大。例如，在25℃时，$K_W=1\times10^{-14}$；在100℃时，$K_W=1\times10^{-12}$，两者相差100倍。

一般情况下，在没有特别说明时我们认为常温时$K_W=1\times10^{-14}$。

二、溶液的酸碱性和溶液的pH值及其关系

1. 溶液的酸碱性和H^+浓度及OH^-浓度的关系

常温时，由于水的电离平衡的存在，不仅在纯水中，就是在酸性或碱性的稀溶液里，氢离子浓度和氢氧根离子浓度的乘积也总是一个常数——1×10^{-14}。在中性溶液中，氢离子浓度和氢氧根离子浓度总是相等的，都是1×10^{-7}mol/L；在酸性溶液里不是没有氢氧根离子，只是含的氢离子多一些；在碱性溶液里不是没有氢离子，只是溶液中含的氢氧根离子多一些。总之，不论稀溶液是酸性、碱性还是中性，在常温时，$c(H^+)$和$c(OH^-)$的乘积都是一个常数：1×10^{-14}。常温时，溶液的酸碱性与$c(H^+)$和$c(OH^-)$的关系可以表示如下：

中性溶液　$c(H^+)=c(OH^-)=1\times10^{-7}$mol/L；

酸性溶液　$c(H^+)>c(OH^-)$，此时$c(H^+)>1\times10^{-7}$mol/L；

碱性溶液　$c(H^+)<c(OH^-)$，此时$c(H^+)<1\times10^{-7}$mol/L。

$c(H^+)$越大，溶液的酸性越强；$c(H^+)$越小，溶液的酸性越弱。

2. 溶液的 pH 值和 $c(H^+)$ 的关系

在日常生活中，我们经常用到一些 $c(H^+)$ 很小的溶液，如：$c(H^+)=1.38\times10^{-2}$ mol/L 的溶液、$c(H^+)=1\times10^{-6}$ mol/L 的溶液等。用这样的值来表示溶液的酸碱性的强弱很不方便。为此，在化学上常采用 pH 值来表示溶液的酸碱性的强弱。溶液的 pH 值等于溶液中 $c(H^+)$ 的负对数，其表达式为：

$$pH=-\lg[H^+]$$

例如，纯水的 $c(H^+)=1\times10^{-7}$ mol/L，纯水的 pH 值为：

$$pH=-\lg[H^+]=-\lg1\times10^{-7}=7$$

［例 1］ 求 1×10^{-2} mol/L HCl 溶液的 pH 值。

解：

$$HCl \longrightarrow H^+ + Cl^-$$

$$1 \qquad 1$$

$$1\times10^{-2}\,mol/L \quad 1\times10^{-2}\,mol/L$$

$$c(H^+)=1\times10^{-2}\,mol/L$$

$$pH=-\lg[H^+]=-\lg1\times10^{-2}=2$$

答： 1×10^{-2} mol/L 的 HCl 溶液的 pH 值为 2。

［例 2］ 求 1×10^{-2} mol/L NaOH 溶液的 pH 值。

解：

$$NaOH \longrightarrow Na^+ + OH^-$$

$$1 \qquad 1$$

$$1\times10^{-2}\,mol/L \quad 1\times10^{-2}\,mol/L$$

$c(OH^-)=1\times10^{-2}$ mol/L，根据 $[H^+][OH^-]=K_W=1\times10^{-14}$，可知

$$c(H^+)=\frac{K_W}{c(OH^-)}=\frac{1\times10^{-14}}{1\times10^{-2}}=1\times10^{-12}$$

$$pH=-\lg[H^+]=-\lg1\times10^{-12}=12$$

答： 1×10^{-2} mol/L NaOH 溶液的 pH 值为 12。

溶液的酸碱性和 pH 值关系如图 5-2 所示。

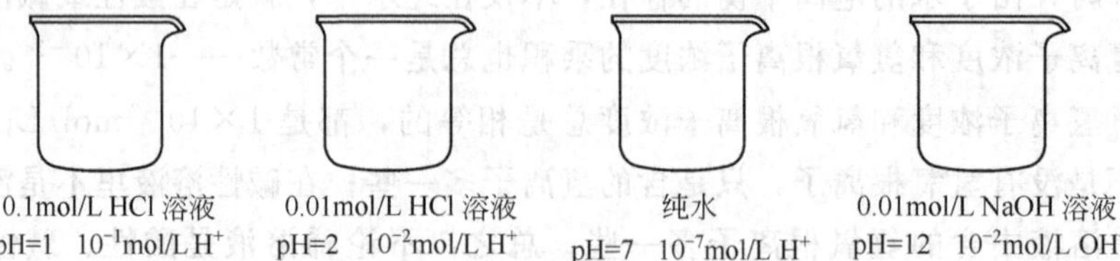

图 5-2 溶液的酸碱性和 pH 值关系示意图

由以上可知：

在中性溶液中，$c(H^+)=1\times10^{-7}$ mol/L，pH=7；

在酸性溶液中，$c(H^+)>1\times10^{-7}$ mol/L，pH<7；

在碱性溶液中，$c(H^+)<1\times10^{-7}$ mol/L，pH>7。

因此，溶液的酸性越强，其 pH 值就越小；溶液的碱性越强，其 pH 值就越

大。$c(H^+)$ 和 pH 值与溶液酸碱性的关系如图 5-3 所示。

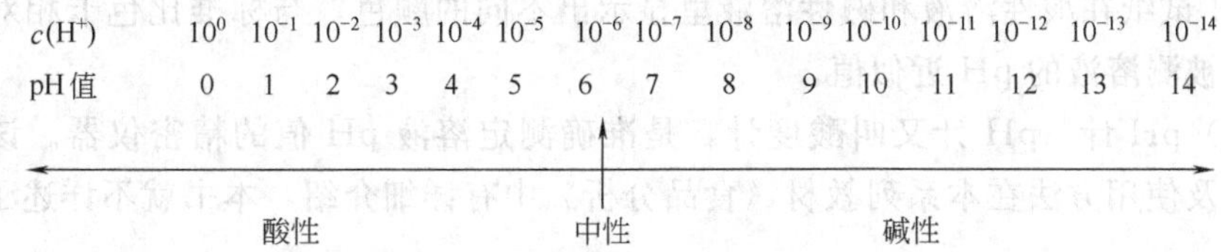

图 5-3　$c(H^+)$ 和 pH 值与溶液酸碱性之间的关系

由图 5-3 可以看出，溶液的 pH 值相差 1 个单位，$c(H^+)$ 就相差 10 倍。

思考 pH＝0 时的溶液，$c(H^+)$ 是多少？

当溶液的 $c(H^+)$ 或 $c(OH^-)$ 大于 1mol/L 时，用 pH 值表示溶液的酸碱性并不方便。

因此，当溶液的 $c(H^+)$ 大于 1mol/L 时，一般不用 pH 值来表示溶液的酸碱性，而是直接用 H^+ 的浓度来表示。

表 5-2 所列为一些溶液的 $c(H^+)$ 与 pH 值的关系。

表 5-2　一些溶液的 $c(H^+)$ 与 pH 值

$c(H^+)$	1mol/L	2mol/L	4mol/L	6mol/L
pH 值	0	−0.3	−0.6	−0.8

3. 溶液 pH 值的测定

溶液 pH 值的测定方法很多，常见的有以下几种。

(1) 酸碱指示剂　酸碱指示剂法是应用某些弱的有机酸或碱，或既呈弱酸性又呈弱碱性的两性物质。当溶液的 pH 值改变时，指示剂由于结构上的变化而引起颜色的改变，以此来指示溶液的酸碱性。常见的酸碱指示剂及其变色范围见图 5-4。

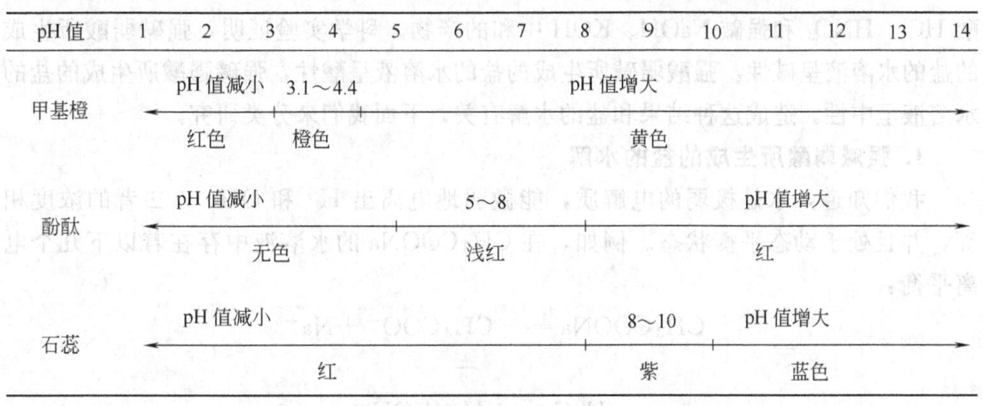

图 5-4　常见的酸碱指示剂及其变色范围

由图 5-4 可以看出，如果用单一指示剂，只能粗略了解溶液的 pH 值，要想简便快捷地确定溶液的 pH 值，可以用 pH 试纸。

(2) pH 试纸　由多种酸碱指示剂的混合溶液浸渍而成的试纸称 pH 试纸。

pH 试纸在酸性溶液和碱性溶液里显示出不同的颜色，与标准比色卡相对照就可得知被测溶液的 pH 近似值。

(3) pH 计　pH 计又叫酸度计，是准确测定溶液 pH 值的精密仪器。该仪器的原理及使用方法在本系列教材《食品分析》中有详细介绍，本书就不详述了。

第三节　盐的水解

我们知道，酸的水溶液呈酸性，碱的水溶液呈碱性，那么，盐的水溶液呈什么性质呢？

一、盐的水解基本概念

[实验 5-3]　把少量 CH_3COONa、Na_2CO_3、NH_4Cl、$Al_2(SO_4)_3$、NaCl、KNO_3 固体分别加入 6 支盛有蒸馏水的试管中。振荡试管使之溶解，然后分别用 pH 试纸加以检验。

实验结果表明，CH_3COONa、Na_2CO_3 的水溶液呈碱性，NH_4Cl、$Al_2(SO_4)_3$ 的水溶液呈酸性，NaCl、KNO_3 的水溶液呈中性。同样是盐，它们水溶液的 pH 值为什么会不同呢？

我们知道，盐是酸、碱中和的产物。例如，CH_3COONa、Na_2CO_3 分别是由弱酸 CH_3COOH、H_2CO_3 和强碱 NaOH 中和的产物；NH_4Cl、$Al_2(SO_4)_3$ 分别是由弱碱 $NH_3 \cdot H_2O$、$Al(OH)_3$ 和强酸 HCl、H_2SO_4 中和的产物；NaCl、KNO_3 分别是由强酸 HCl、HNO_3 和强碱 NaOH、KOH 中和的产物。科学实验证明，强碱弱酸所生成的盐的水溶液呈碱性，强酸弱碱所生成的盐的水溶液呈酸性，强碱强酸所生成的盐的水溶液呈中性。造成这种结果和盐的水解有关，下面我们来分类研究。

1. 强碱弱酸所生成的盐的水解

我们知道，水是极弱的电解质，能微弱地电离出 H^+ 和 OH^-，二者的浓度相等，并且处于动态平衡状态。例如，在 CH_3COONa 的水溶液中存在着以下几个电离平衡：

$$
\begin{array}{c}
CH_3COONa = CH_3COO^- + Na^+ \\
+ \\
H_2O \rightleftharpoons H^+ + OH^- \\
\Updownarrow \\
CH_3COOH
\end{array}
$$

由于 CH_3COONa 电离出的 CH_3COO^- 与水电离出的 H^+ 结合生成了弱电解质 CH_3COOH，消耗了溶液中的 H^+，从而打破了水的电离平衡。随着溶液里 H^+ 的减少，水的电离平衡向右移动，于是溶液中 OH^- 的浓度逐渐增大，直到建立新的平衡。结果，溶液里 $c(OH^-)>c(H^+)$，从而使溶液呈碱性。上述反应可表示如下：

$$CH_3COONa+H_2O \rightleftharpoons CH_3COOH+NaOH$$

本质为：

$$CH_3COO^+ +H_2O \rightleftharpoons CH_3COOH+OH^-$$

这种在溶液中的盐电离出来的离子跟水所电离出来的 H^+ 或 OH^- 结合生成弱电解质的反应，叫做盐类的水解。

由上式可知，盐水解后生成酸和碱，即盐的水解反应可看作是酸碱反应的逆反应。

$$酸+碱 \underset{水解}{\overset{中和}{\rightleftharpoons}} 盐+水$$

2. 强酸弱碱所生成的盐的水解

我们以氯化铵为例，氯化铵溶于水后，其水溶液中存在着下列平衡：

$$\begin{array}{ccc} NH_4Cl & = & NH_4^+ + Cl^- \\ & & + \\ & & H_2O \rightleftharpoons OH^- + H^+ \\ & & \Updownarrow \\ & & NH_3 \cdot H_2O \end{array}$$

由于 NH_4Cl 电离出的 $NH_4{}^+$ 和水电离出的 OH^- 结合生成了弱电解质 $NH_3 \cdot H_2O$，从而打破了水的电离平衡，随着溶液中 OH^- 浓度的减小，水的电离平衡向右移动，从而造成溶液中 H^+ 的浓度逐渐增大，直到建立新的平衡。结果使溶液中的 H^+ 浓度大于 OH^- 浓度，造成溶液呈酸性，这一反应也可用离子方程式表示如下：

$$NH_4^+ +H_2O \rightleftharpoons NH_3 \cdot H_2O+H^+$$

其他的强酸弱碱盐如 $Cu(NO_3)_2$、NH_4NO_3、$Al_2(SO_4)_3$ 等的水解都属于这种类型。

3. 强酸强碱生成的盐的水解

强酸强碱所生成的盐如 $NaCl$ 等，由于它们电离生成的阴离子和阳离子都不与水电离出的 H^+ 或 OH^- 结合生成弱电解质，因此由水电离出的 H^+ 和 OH^- 的浓度保持不变，水的电离平衡没有被破坏，所以，像这种由强酸和强碱所生成的盐不发生水解，溶液呈中性。

其他的强酸强碱盐如 KCl 和 $NaNO_3$ 等都不发生水解。

***4. 弱酸弱碱所生成的盐的水解**

由弱酸弱碱所生成的盐的水解极其复杂，在此只作简单介绍，不作要求。例如，在醋酸铵的水溶液里，存在着以下平衡：

$$CH_3COONH_4 = CH_3COO^- + NH_4^+$$

$$+ \quad +$$

$$H_2O \rightleftharpoons H^+ + OH^-$$

$$\Downarrow \quad \Downarrow$$

$$CH_3COOH \quad NH_3 \cdot H_2O$$

上述水解反应可用离子方程式表示为：

$$CH_3COO^- + NH_4^+ + H_2O \rightleftharpoons NH_3 \cdot H_2O + CH_3COOH$$

由此可以看出这类盐的水解，是构成物质的两种离子的水解，至于水解后溶液的酸碱性，要根据组成它的弱酸和弱碱的相对强弱而定，随强而显。对于醋酸铵来说，由于氨水和醋酸的电离常数几乎相等，所以其水溶液呈中性。

二、影响盐水解的因素

1. 盐的本性

盐的本性是决定盐水解的根本因素。组成盐的酸或碱越弱，那么这种盐的水解程度就越大。例如，Al_2S_3 溶于水后，水解生成难溶的 $Al(OH)_3$ 和易挥发的 H_2S，所以 Al_2S_3 的水解程度很大，几乎可认为是完全水解，因此 Al_2S_3 在水中是不存在的。Al_2S_3 的水解方程式如下：

$$Al_2S_3 + 6H_2O = 2Al(OH)_3\downarrow + 3H_2S\uparrow$$

2. 温度

盐的水解是酸碱中和反应的逆反应，中和反应是一个放热反应，所以盐的水解是一个吸热反应，随着温度的升高，盐的水解程度加深。即，升高温度，促进盐的水解；降低温度，抑制盐的水解。

3. 浓度

盐溶液的浓度越小，其水解程度就越大。例如，我们在配制 $SnCl_2$ 溶液时，只有在极浓和高酸度下才是清亮的，当稀释时，就水解生成碱式盐，而使溶液变浑浊。

$$SnCl_2 + H_2O \rightleftharpoons Sn(OH)Cl + HCl$$

因此在配制 $SnCl_2$ 溶液时，总是先溶于较浓的盐酸或甘油中，然后再用水稀释到所需浓度。

三、盐类水解的应用

在日常生活中，我们经常应用到盐类的水解。例如，泡沫灭火气灭火，明矾

[$KAl(SO_4)_2 \cdot 12H_2O$] 净水，草木灰和铵态氮肥不能混合使用，利用蒸发结晶法不能制取纯净的 $AlCl_3$ 等。

实验室里，我们配溶液时也要考虑到盐的水解。例如，通常在配制 $FeCl_3$、$SnCl_2$ 等溶液时，常将它们溶于较浓的盐酸中，然后再用水稀释到所需浓度，以抑制它们的水解。我们知道镁和水反应缓慢，但是如果把镁放入氯化铵的水溶液中就可以很快看到大量气泡逸出。

第四节 酸碱中和滴定

酸碱中和滴定是将一种已知准确浓度的强酸或强碱溶液滴加到被测的碱溶液或酸溶液中，直到化学反应定量地完成时为止，然后根据所用试剂溶液的浓度和体积计算被测物质组分含量的方法。酸碱中和滴定设备简单，操作简便，快速且准确，因此，应用非常广泛。大到工农业生产和科学研究，小到化学实验室。酸碱中和滴定常用的仪器有锥形瓶、滴定管和烧杯等。

一、酸碱中和滴定原理

我们已经知道酸碱能发生中和反应，也学习过可以用离子方程式来表示这种离子反应。现在进一步来研究它们在反应中的量的关系。酸和碱的中和反应的实质是：

$$H^+ + OH^- = H_2O$$

即 1mol H^+ 恰好能跟 1mol OH^- 中和生成水。在酸碱中和反应中，反应物之间是严格按照化学方程式所确定的物质的量的比值进行反应的。例如，HCl 溶液跟 NaOH 溶液反应时：

$$\underset{1mol}{HCl} + \underset{1mol}{NaOH} = NaCl + H_2O$$

1mol HCl 跟 1mol NaOH 完全反应。它们之间物质的量的比值是 1∶1。

H_2SO_4 溶液跟 NaOH 溶液反应生成 Na_2SO_4 和 H_2O 时：

$$\underset{1mol}{H_2SO_4} + \underset{2mol}{2NaOH} = Na_2SO_4 + 2H_2O$$

1mol H_2SO_4 跟 2mol NaOH 完全反应。它们之间物质的量的比值是 1∶2。

H_3PO_4 溶液跟 NaOH 溶液反应生成 Na_3PO_4 和 H_2O 时：

$$\underset{1mol}{H_3PO_4} + \underset{3mol}{3NaOH} = Na_3PO_4 + 3H_2O$$

1mol H_3PO_4 跟 3mol NaOH 完全反应。它们之间物质的量的比值是 1∶3。

以上几个反应是在溶液中进行的，我们已经知道溶液中物质的量浓度和溶质的物质的量的关系式是：

$$物质的量浓度(mol/L)=\frac{溶质的物质的量(mol)}{溶液的体积(L)}$$

即 $$c=\frac{n}{V}$$

由此可以根据下式求出溶质的物质的量：

$$溶质的物质的量(mol)=物质的量浓度(mol/L)\times 溶液的体积(L)$$

即 $$n=cV$$

根据中和反应的实质，酸碱完全反应时 $n(H^+)=n(OH^-)$，

$$a(酸)+b(碱)=\!=\!=c(盐)+d(水)$$

则有 $$\frac{a}{b}=\frac{n_{酸}}{n_{碱}}=\frac{c_{酸}V_{酸}}{c_{酸}V_{酸}}$$

对于一元酸与一元碱的中和反应，有 $\frac{a}{b}=1$

从这点出发，我们可以设想，在酸碱中和反应中，使用一种已知物质的量浓度的酸（或碱）溶液跟未知浓度的碱（或酸）溶液完全中和，测出二者的体积，根据化学方程式中酸和碱物质的量的比值，就可以计算出碱（或酸）溶液的浓度。

［例］ 有未知浓度的 NaOH 溶液 0.23L，需加入 0.11mol/L 的 HCl 溶液 0.29L，才能完全中和。NaOH 溶液的物质的量浓度是多少？

解： 0.29L 0.11mol/L HCl 溶液里含 HCl 的物质的量为

$$0.11mol/L\times 0.29L=0.032mol$$

设 0.23L NaOH 溶液里含 NaOH 的物质的量为 x

$$HCl+NaOH=\!=\!=NaCl+H_2O$$

1mol　1mol

0.032mol　x

反应中 HCl 和 NaOH 的物质的量是相等的，因此

$$x=0.032mol$$

NaOH 溶液的物质的量浓度为

$$c_{NaOH}=\frac{n_{(NaOH)}}{V_{(NaOH)}}=\frac{0.032mol}{0.23mol}=0.14mol/L$$

答： 这种 NaOH 溶液的物质的量浓度是 0.14mol/L。

在化工生产和化学实验中，经常需要知道某种酸溶液或碱溶液的准确浓度。例如，实验室里有未知浓度的氢氧化钠溶液和盐酸，怎样测定它们的准确浓度呢？这就需要利用上述酸碱中和反应中的物质的量之间的关系来测定。

用已知物质的量浓度的酸（或碱）来测定未知物质的量浓度的碱（或酸）的方法叫做酸碱中和滴定。 应用这种方法的关键在于准确测定参加反应的两种溶液的体积以及准确判断中和反应是否恰好进行完全。

测量溶液的体积可以用量筒，但它的精确度不高。在中和滴定的实验中，要用滴定管。滴定管是一根带有精确刻度的长玻璃管，管的下部有可以控制液体流量的装置。使用滴定管不仅可控制所滴加的溶液量，读数也比较准确。为了准确判断中和反应是否恰好进行完全，可以选择合适的酸碱指示剂加入到待测溶液中，根据指示剂颜色的突跃变化来确定中和反应的终点，即滴定终点。

二、滴定管

滴定管是用于准确测量滴定时放出的滴定剂体积的量器，它是具有刻度的细长玻璃管。按构造不同分为普通滴定管和自动滴定管。按用途不同又分为酸式滴定管和碱式滴定管。

带有玻璃磨口旋塞以控制液滴流出的是酸式滴定管，用来盛放酸类或氧化性溶液，但不能装碱性溶液。用带玻璃珠的乳胶管控制液滴，下端再连一尖嘴玻璃管的是碱式滴定管，用于盛放碱性溶液和非氧化性溶液。滴定管样式如图 5-5 所示。

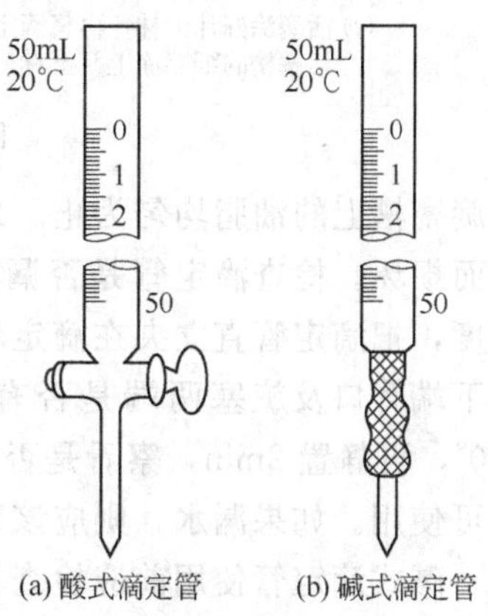

(a) 酸式滴定管　(b) 碱式滴定管

图 5-5　滴定管样式示意图

1. 使用前的准备

(1) 洗涤

① 酸式滴定管的洗涤　无明显油物、不太脏的酸式滴定管，可用肥皂水或洗涤剂冲洗，若较脏而又不易洗净时，则用铬酸洗液。洗涤的方法为：每次倒入10～15mL 洗液于滴定管中，两手平端滴定管，并不断转动，直至洗液布满全管为止，洗净后将一部分洗液从管口放回原瓶，然后打开旋塞，将剩余的洗液从出口管放回原瓶中，再用自来水冲洗，最后用蒸馏水润洗几次即可。若油物明显，可先倒入温洗液浸泡一段时间（或根据具体情况，使用针对性洗涤液进行清洗），然后按上述方法洗涤干净。洗涤时，应注意保护玻璃旋塞，防止碰坏。洗净的滴定管内壁应能完全被水均匀润湿，不挂水珠。

② 碱式滴定管的洗涤　碱式滴定管的洗涤方法与酸式滴定管的洗涤方法相同，但在需用洗液洗涤时要注意洗液不能直接接触乳胶管。因此，要取下乳胶管，将碱式滴定管倒立夹在滴定管架上，管口插入装有洗液的烧杯中，用吸耳球插在管口上反复吸取洗液进行洗涤，然后用自来水冲洗滴定管，并用蒸馏水润洗几次。

(2) 涂油、试漏　酸式滴定管使用前应检查旋塞转动是否灵活，与滴定管是否配合严密，如不合要求，则取下旋塞，用滤纸片擦干旋塞和旋塞槽，用手指蘸取少量凡士林在旋塞的大头和塞孔的小头涂上薄薄的一层，注意不要堵住旋塞孔，如图 5-6 所示，把旋塞直接插入旋塞槽内。然后，向同一方向不断旋转旋塞，直到旋塞

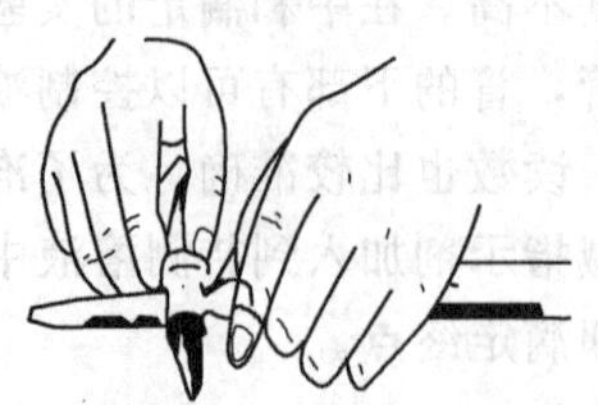

(a) 用滤纸片擦干净活塞槽

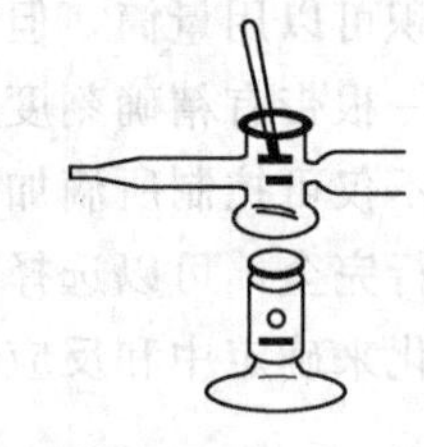

(b) 活塞用布擦干净后，在粗端涂少量凡士林，细端不要涂，以免沾污活塞槽上、下孔

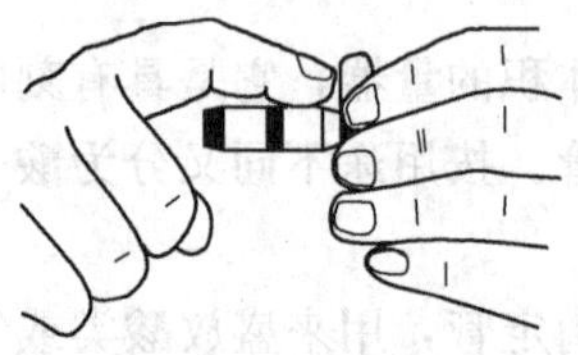

(c) 活塞涂好凡士林，再将滴定管活塞槽的细端涂上凡士林

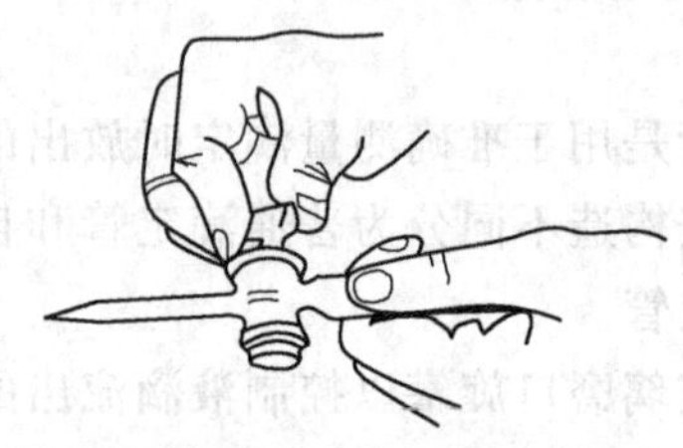

(d) 活塞平行插入活塞槽后，向一个方向转动，直至凡士林均匀

图 5-6　酸式滴定管的涂油

和旋塞槽上的油脂均匀为止。最后用小乳胶圈套在玻璃旋塞小头槽内，以防塞子滑出而损坏。检查滴定管是否漏水时，可将酸式滴定管旋塞关闭，用水充满至“0”刻度，把滴定管直立夹在滴定管架上静置 2min，观察刻度线液面是否下降，滴定管下端管口及旋塞两端是否有水渗出，可用滤纸在旋塞两端察看。将旋塞转动 180°，再静置 2min，察看是否有水渗出。若前后两次均无水渗出，旋塞转动灵活，即可使用。如果漏水，则应该重新进行涂油操作。

碱式滴定管使用前应检查乳胶管是否老化、变质，要求乳胶管的玻璃珠大小合适，能灵活控制液滴，玻璃珠过大不便操作；过小会漏水。如不合要求，应重新装配玻璃珠和乳胶管。

(3) 装溶液与赶气泡　准备好滴定管，即可装滴定液（即已知浓度的溶液或未知浓度的溶液）。先用摇匀的滴定液将滴定管润洗 3 次（第一次 10mL 左右，大部分可由上口放出，第二次及第三次各 5mL 左右，可以从出口管放出），以除去管内残留水分，确保滴定剂浓度不变。为此，注入滴定液 10mL，然后两手平端滴定管（注意把住玻璃旋塞）慢慢转动溶液，一定要使滴定液流遍全管内壁，并使溶液接触管壁 1～2min 每次都要打开旋塞冲洗出口管。将润洗溶液从出口放出，并尽量把残留液放尽。最后，关好旋塞，将滴定液直接从储瓶倒入滴定管，直到充满至“0”刻度以上为止。

对于碱式滴定管，仍要注意玻璃珠下方的洗涤。装好溶液的滴定管，使用前必须注意检查滴定管的出口管是否充满溶液，旋塞附近或胶管内有无气泡。在使用碱式滴定管时，装满溶液后，应将其垂直地夹在滴定管架上，左手拇指和食指拿住玻璃珠所在部位，并使乳胶管向上弯曲，出口管斜向上方，然后在玻璃珠部位往一旁轻轻捏挤胶管，使溶液从管口喷出，如图 5-7 所示，气泡即随之排出，再一边捏乳胶管一边把乳胶管放直，注意当乳胶管放直后，再松开拇指和食指，否则出口仍会有气泡。

排出气泡后装入滴定液至“0”刻度以上，并调节液面处于 0.00mL 处备用。

2. 滴定管的使用

（1）滴定管的操作　进行滴定时，应该将滴定管垂直地夹在滴定管架上。

酸式滴定管的使用：左手无名指和小指向手心弯曲，轻轻地贴着出口管，用其余的三指控制活塞的转动，如图 5-7 所示，但应注意不要向外拉旋塞以免推出旋塞造成漏液，也不要过分往里扣，以免造成旋塞转动困难而不能操作自如。

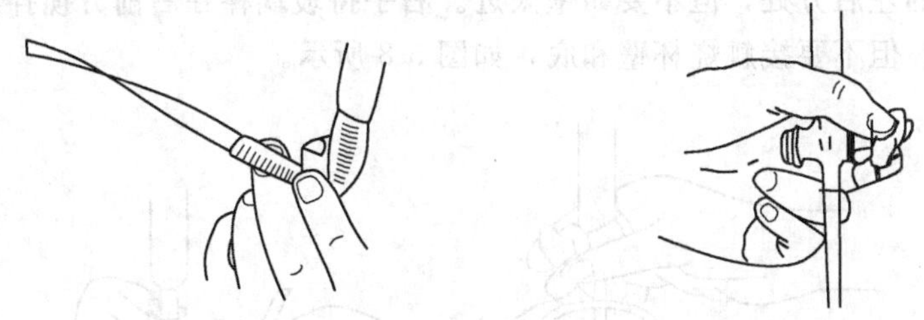

图 5-7　碱式滴定管的排气泡和酸式滴定管的操作手势

碱式滴定管的使用：左手无名指及小指夹住出口管，拇指与食指在玻璃珠所在部位往一旁捏挤乳胶管，玻璃珠移至手心一侧，使溶液从玻璃珠旁边的空隙处流出，注意：

① 不要用力捏玻璃珠，也不能使玻璃珠上下移动；

② 不要捏到玻璃珠下部的乳胶管，以免空气进入而形成气泡，影响读数；

③ 停止滴定时，应先松开拇指和食指，最后才松开无名指和小指。

无论使用哪种滴定管，都必须掌握 3 种滴液方法：

① 逐滴连续滴加，“见滴成线”的方法；

② 只加一滴，要做到需加一滴就能加一滴的熟练操作；

③ 使液滴悬而不滴，即只加半滴。

（2）滴定操作　滴定前后都要记取读数，终读数和初读数之差就是滴定液消耗的体积。滴定操作一般在锥形瓶中进行，也可在烧杯中进行。最好用白瓷板作背景，便于观察溶液颜色的变化。两手操作姿势如图 5-7 所示。

滴定操作时应注意以下几点。

① 摇瓶时，应微动腕关节，使溶液向同一方向做圆周运动，但不要使瓶口接触滴定管，溶液也不得溅出。

② 滴定时左手不能离开旋塞让溶液自行滴下。

③ 注意观察溶液颜色的变化。开始时应边摇边滴，滴定速度可稍快，但不要流成水流。接近终点时，应改为加一滴，摇几下，最后，每加半滴，即摇动锥形

瓶，直至溶液出现明显的颜色变化，准确到达滴定终点为止。滴定时，不要去看滴定管上部的体积，而不顾锥形瓶中溶液颜色的变化。加半滴溶液的方法如下：微微转动旋塞，使溶液悬挂在出口管上，形成半滴（有时还可控制不到半滴），用锥形瓶内壁将其沾落，在用洗瓶以少量蒸馏水冲洗瓶壁。

用碱式滴定管滴加半滴溶液时，应先松开拇指和食指，将悬挂的半滴溶液粘在锥形瓶内壁上，以避免出口管尖端出现气泡。

④ 每次滴定最好都从 0.00mL 处开始（或从 0mL 附近的某一固定线开始），这样可固定使用滴定管的某一段，以减少体积误差。在烧杯中进行滴定时，将烧杯放在白瓷板上，调节滴定管高度，使滴定管伸入烧杯内 1cm 左右。滴定管下端应在烧杯中心的左后方处，但不要靠壁太近。右手持玻璃棒在右前方搅拌溶液。应边滴加边搅拌，但不要接触烧杯壁和底，如图 5-8 所示。

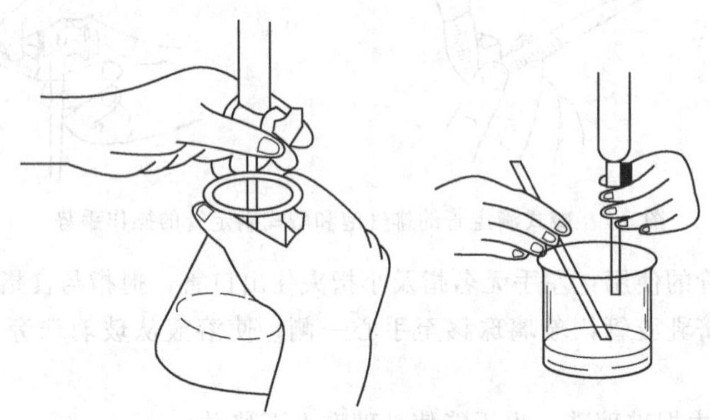

图 5-8　滴定方法示意图

当加半滴溶液时，用搅拌棒下端承接悬挂的半滴溶液，不要接触滴定管尖，其他注意点同上。

（3）滴定管的读数　滴定管读数不准确是滴定分析误差的主要来源之一。因此，正确读数应遵循下列原则。

① 由于水的附着力和内聚力的作用，滴定管内的液面呈弯月形，无色或浅色溶液的弯月面比较清晰，读数时，应读弯月面下缘实线的最低点，即视线在弯月面下缘实线最低处且与地面平行，如图 5-9(a) 所示。对于有色溶液，其弯月面是不够清晰的，读数时，可读液面两侧最高点，即视线应与液面两侧最高点成水平。注意初读数与终读数应采用同一标准。

② 读数时要求读到小数点后第二位，即估读到±0.01mL，如读数为 25.33mL，数据应立刻记录在本上。

③ 为了便于读数，可以在滴定管后衬一黑白两色的读数卡。读数时，使黑色部分在弯月面下约 1mm 左右，弯月面的反射层即全部成为黑色，如图 5-9(b) 所示。读此黑色弯月面下缘的最低点。但对深色溶液须读两侧最高点时，可用白色卡

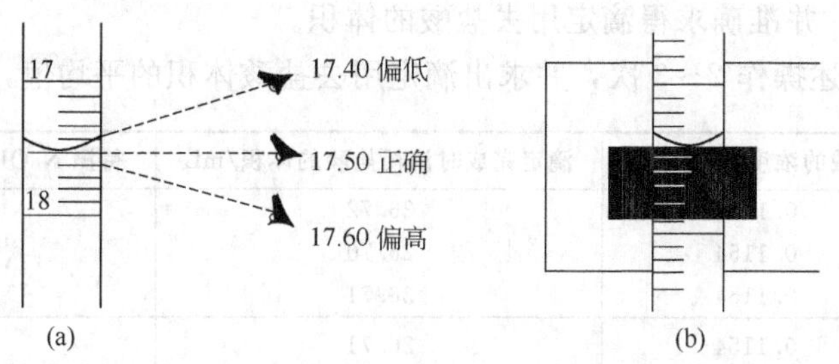

图 5-9　滴定管读数示意图

作为背景。

④ 滴定至终点时应立即关闭旋塞，并注意不要使滴定管中的溶液有稍许流出，否则终读数便包括流出的半滴溶液。

滴定结束后，滴定管内剩余的溶液应弃去，不得将其倒回原试剂瓶中，以免沾污整瓶溶液。随即洗净滴定管，倒置在滴定管架上。

三、实际操作练习

现在我们用已知浓度的盐酸滴定 25.00mL 未知浓度的氢氧化钠溶液，来测定氢氧化钠的物质的量浓度。

① 把已知物质的量浓度（0.1154mol/L）的盐酸注入事先已用该盐酸溶液润洗过的酸式滴定管中，至刻度“0”以上，把滴定管固定在滴定管夹上。轻轻转动下面的活塞，使管的尖嘴部分充满溶液且无气泡。然后调整管内液面，使其保持在“0”或“0”以下的某一刻度，并记下准确读数；把待测浓度的 NaOH 溶液注入事先已用该溶液润洗过的碱式滴定管中，也把它固定在滴定管夹上。轻轻挤压玻璃球，使管的尖嘴部分充满溶液并无气泡，然后调整管内液面，使其保持在“0”或“0”以下某一刻度，并记下准确读数。中和滴定的装置和操作如图 5-10 所示。

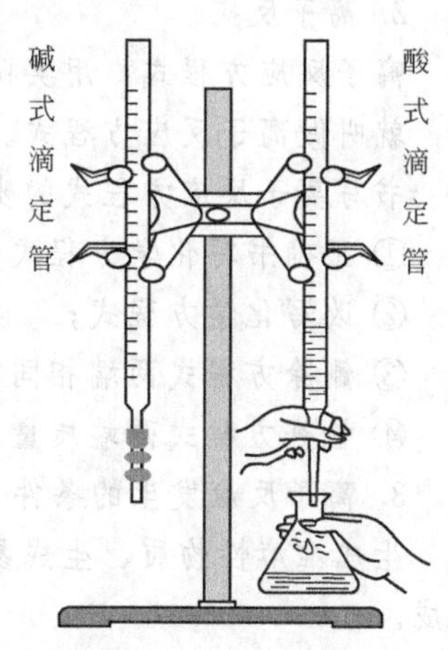

图 5-10　中和滴定的装置和操作示意图

② 在管下放一洁净的锥形瓶，从碱式滴定管放出 25.00mL NaOH 溶液，注入锥形瓶，加入 2 滴酚酞试液，溶液呈红色。

③ 把锥形瓶移到酸式滴定管下，左手操作酸式滴定管，逐滴加入已知物质的量浓度的盐酸，右手操作锥形瓶，同时不断按同一方向摇动锥形瓶，使溶液充分混合，眼睛注视锥形瓶中溶液颜色的变化。最后，当看到加入 1 滴盐酸时，溶液立即褪成无色，说明已到滴定终点，停止滴定。准确记下滴定管溶

液液面的刻度，并准确求得滴定用去盐酸的体积。

④ 重复上述操作 2～3 次，并求出滴定用去盐酸体积的平均值，填写下表。

实验编号	盐酸的浓度/(mol/L)	滴定完成时消耗盐酸的体积/mL	待测 NaOH 溶液的体积/mL
1	0.1154	26.72	25.00
2	0.1154	26.70	25.00
3	0.1154	26.71	25.00
平均	0.1154	26.71	25.00

⑤ 根据有关计量关系，计算出待测的 NaOH 的物质的量浓度。

$$c(\mathrm{NaOH})=\frac{c(\mathrm{HCl})V(\mathrm{HCl})}{V(\mathrm{NaOH})}$$

$$=\frac{0.1154\mathrm{mol/L}\times 0.02671\mathrm{L}}{0.02500\mathrm{L}}$$

$$=0.1233\mathrm{mol/L}$$

待测 NaOH 溶液中，NaOH 的物质的量浓度为 0.1233mol/L。

本 章 小 结

一、离子反应

1. 电解质

(1) 强电解质　在水溶液里分子能够完全电离成离子的电解质。

(2) 弱电解质　在水溶液里分子只能部分电离成离子的电解质。

2. 离子反应

离子反应方程式：用实际参加反应的离子符号和化学式来表示离子反应的式子，就叫做离子反应方程式。

书写离子反应方程式的步骤：

① 正确书写化学方程式；

② 改写化学方程式；

③ 删除方程式两端相同的离子符号；

④ 检查方程式两端质量、电荷是否守恒。

3. 离子反应发生的条件

生成难溶性物质、生成易挥发性的物质或生成弱电解质，有单质参加反应或生成。

4. 离子方程式的意义

代表所有同一类型的化学反应。

二、水的离子积和溶液的 pH 值

1. 水的离子积

在一定温度下，纯水电离出的 H^+ 浓度和 OH^- 浓度的乘积是一个常数（K_W）。25℃时，$K_W = c(H^+)c(OH^-) = 1\times10^{-14}$。

2. 溶液的 pH 值

中性溶液 pH＝7

酸性溶液 pH＜7，pH 值越小，溶液酸性越强。

碱性溶液 pH＞7，pH 值越大，溶液碱性越强。

3. pH 值的测定方法

测定溶液的 pH 值可用酸碱指示剂、pH 试纸、酸度计。其中 pH 试纸方便快捷，酸度计测量精确。

三、盐的水解

1. 盐水解的类型

① 强酸和弱碱所生成盐的水解，水解后溶液显酸性。

② 强碱和弱酸所生成盐的水解，水解后溶液显碱性。

③ 弱酸和弱碱所生成盐的水解，水解后溶液的酸碱性由弱酸和弱碱的相对强弱来决定。

④ 强酸和强碱所生成的盐溶于水后不水解，溶液呈中性。

2. 影响盐水解的因素

盐的本性、溶液的温度和浓度。

3. 盐水解的应用

四、酸碱中和滴定

用已知物质的量浓度的酸或碱来测定未知物质的量浓度的碱或酸的方法，叫做酸碱中和滴定。

1. 酸碱中和滴定的原理

$$H^+ + OH^- = H_2O$$

$$\frac{n_{酸}}{n_{碱}} = \frac{c_{酸}V_{酸}}{c_{酸}V_{酸}}$$

2. 酸碱中和滴定的操作步骤

① 装溶液，调节液面至“0”或“0”以下某一刻度。

② 往锥形瓶中放入未知浓度的溶液并加1～2滴指示剂。

③ 左手握滴定管，右手握锥形瓶，眼睛注视锥形瓶中溶液颜色的变化，并记下消耗已知溶液的体积。

④ 重复操作2～3次，求出消耗已知溶液体积的平均值。

⑤ 根据有关计量关系，计算待测溶液的浓度。

复　习　题

一、填空题

1. 在________里或________状态下能导电的化合物叫做电解质，如________(写化学式)；在________里能够________电离成离子的电解质叫强电解质；分子只能________电离成离子的电解质叫弱电解质，如________。

2. 离子方程式是用________来表示离子反应的式子。盐酸、硫酸等不慎沾在皮肤上时，应立即用水冲洗，然后再用碳酸钠溶液冲洗，该反应的化学方程式分别是________，________；离子方程式为________。

3. 电解质溶液之间进行的反应，实质上是________之间的反应。这类离子反应发生的条件是：只要有________、________或________物质中的一种生成，反应就能发生。

4. 指出下列离子方程式书写错误的原因，并加以改正。

(1) 氢氧化铜中加入盐酸：$H^+ + OH^- = H_2O$，错误的原因________。正确的离子方程式为________。

(2) 铜片插入硝酸银溶液：$Cu + Ag^+ = Cu^{2+} + Ag$，错误的原因________。正确的离子方程式为________。

(3) 碳酸钙中加入盐酸：$CO_3^{2-} + 2H^+ = CO_2\uparrow + H_2O$，错误的原因________。正确的离子方程式为________。

5. 纯水是一种极弱的电解质，它能微弱地电离出________和________。在25℃时，水电离出的________和________的物质的量浓度为________，其离子浓度的乘积是________，该乘积叫做________，其量值为________。

6. 下列溶液 (1) 0.1mol/L HCl溶液；(2) 0.1mol/L H_2SO_4溶液；(3) 0.1mol/L NaOH溶液；(4) 0.1mol/L CH_3COOH溶液中，$c(H^+)$由小到大的排列顺序为________。

7. 盐类水解反应的实质是________，它可看作是________反应的逆反应。

8. 强酸弱碱盐，其水溶液呈________；强碱弱酸盐，其水溶液呈________；强酸强碱盐，其水溶液呈________。

9. 在配制 $FeSO_4$ 溶液时，为了防止发生水解，可加入少量的________；在配制 Na_2S 溶液时，为了防止水解，可加入少量的________。

10. 中和反应的实质是________，实验中判断酸碱恰好完全反应是用________。

11. 0.2mol/L NaOH 滴定未知浓度的盐酸时，沾水的碱式滴定管直接装碱液，使测定结果数值________（填偏大、偏小或不变，下同），锥形瓶洗涤后再用盐酸冲洗再装盐酸，使测定结果________，滴定前仰视初始读数，使测定结果________，盛放盐酸的锥形瓶加一些水后再滴定，使测定结果________。

二、选择题

1. 下列物质中属于强电解质的是（　　）。

A. SO_3　B. $CuSO_4$　C. CH_3COOH　D. $NH_3 \cdot H_2O$

2. 下列物质中属于弱电解质的是（　　）。

A. NaOH　B. HNO_3　C. CH_3COOH　D. NaCl

3. 能证明某物质是弱电解质的是（　　）。

A. 熔化时不导电　B. 不是离子化合物，是共价化合物

C. 水溶液的导电能力很差　D. 溶液中电解质的分子和其电离的离子同时存在

4. 下列化学方程式中，不能用离子方程式 $H^+ + OH^- = H_2O$ 来表示的是（　　）。

A. $HCl + NaOH = NaCl + H_2O$　B. $H_2SO_4 + 2KOH = K_2SO_4 + 2H_2O$

C. $2HCl + Mg(OH)_2 = MgCl_2 + 2H_2O$

D. $2HNO_3 + Ba(OH)_2 = Ba(NO_3)_2 + 2H_2O$

5. 下列各组中的离子，能在溶液中大量共存的是（　　）。

A. K^+、H^+、SO_4^{2-}、OH^-　B. Na^+、Ca^{2+}、CO_3^{2-}、NO_3^-

C. Na^+、H^+、Cl^-、CO_3^{2-}　D. Na^+、Cu^{2+}、Cl^-、SO_4^{2-}

6. 下列离子方程式的书写正确的是（　　）。

A. 铁和稀盐酸：$Fe + 2H^+ = Fe^{3+} + H_2\uparrow$

B. $Ba(OH)_2$ 和稀 H_2SO_4：$H^+ + OH^- = H_2O$

C. 石灰石和盐酸：$CO_3^{2-} + 2H^+ = CO_2\uparrow + H_2O$

D. $CuSO_4$ 和 KOH 溶液：$Cu^{2+} + 2OH^- = Cu(OH)_2\downarrow$

7. 现有（1）0.1mol/L 盐酸；（2）0.1mol/L 硫酸；（3）0.1mol/L 的醋酸溶液，在这 3 种溶液中 pH 值最小的是（　　）。

A.（1）　B.（2）　C.（3）

8. 在某溶液中，$c(H^+) < c(OH^-)$，则说明溶液显（　　）。

A. 酸性　B. 碱性　C. 中性　D. 两性

9. 对于 pH＝0 的溶液，下列说法正确的是（　　）。

A. 酸性最强的溶液　　　　B. 是 $c(H^+)=0$ 的溶液

C. 溶液中 $c(H^+)=1mol/L$　　D. 相当于 1mol/L 的醋酸溶液

10. 测定溶液 pH 值最精确的方法是（　　）。

A. 用 pH 试纸　B. 用酸碱指示剂　C. 用 pH 计　D. 用眼看

11. 甲溶液的 pH 值为 4，乙溶液的 pH 值为 2，则甲溶液中 $c(H^+)$ 是乙溶液中 $c(H^+)$ 的（　　）。

A. 100 倍　B. 2 倍　C. 1/100　D. 1/2

12. 下列溶液 pH＞7 的是（　　）。

A. CH_3COOH 溶液　B. NH_4Cl 溶液　C. NaCl 溶液　D. Na_2CO_3 溶液

13. 室温时，0.1mol/L 某溶液的 pH 值为 5.1，其溶液可能是（　　）。

A. HCl　B. $NH_3 \cdot H_2O$　C. NaOH　D. NH_4Cl

14. 实验室配制 $AgNO_3$ 溶液时，为了防止它的水解，采用的办法（　　）。

A. 加 HNO_3　B. 加盐酸　C. 用热水　D. 多加 $AgNO_3$

15. $CH_3COO^- + H_2O \rightleftharpoons CH_3COOH + OH^-$ 达到平衡时，加入下列哪种离子可以使 CH_3COO^- 浓度增加（　　）。

A. Na^+　B. CO_3^{2-}　C. NO_3^-　D. Cl^-

16. 能准确量取 10.00mL 盐酸溶液的仪器是（　　）。

A. 碱式滴定管　B. 酸式滴定管　C. 量筒　D. 胶头滴管

17. 向滴定管中装溶液时，调节好的液面（　　）。

A. 在"0"刻度下　B. 在"0"刻度上

C. 随便在何处　D. 在"0"或"0"刻度以下某一刻度

18. 中和滴定实验不需用的仪器是（　　）。

A. 锥形瓶　B. 滴定管　C. 胶头滴管　D. 铁架台

19. 中和滴定操作时，眼睛应看（　　）。

A. 刻度　B. 液面　C. 任意处　D. 溶液颜色的变化

20. 中和滴定操作中控制滴定管活塞的是（　　）。

A. 右手　B. 左手　C. 两只手都行

三、简答题

1. 在下列物质中哪些能够导电？为什么？写出电离方程式。哪些不能导电？为什么？

（1）氢氧化钠的水溶液

（2）氯化钾晶体

（3）醋酸的水溶液

(4) 液氯

2. 在纯水中加入少量的酸或碱，水的离子积有无变化？

3. 酸性水溶液里有没有 OH^-？碱性水溶液里有没有 H^+？为什么？

四、书写反应方程式

1. 写出下列反应的离子方程式

(1) $FeCl_3$ 溶液与 NaOH 溶液反应

(2) 氧化铜和盐酸的反应

(3) 碳酸钠和硫酸的反应

(4) 硫酸和氢氧化钡的反应

2. 写出下列盐发生水解反应的化学方程式和离子方程式，并说明其溶液的酸碱性。

(1) NH_4NO_3

(2) CH_3COOK

(3) $Fe_2(SO_4)_3$

五、计算题

1. 计算下列溶液的 pH 值

(1) 0.01mol/L 的氢氧化钠溶液

(2) 0.0001mol/L 的盐酸

(3) 0.005mol/L 的硫酸溶液

(4) 0.05mol/L的氢氧化钡溶液

2. 向 25.00mL 未知浓度的盐酸里滴入 21.50mL 0.1300mol/L 的 NaOH 溶液，恰好反应完全，求盐酸的物质的量浓度。

第六章　重要金属及其化合物

现代社会，随着经济的发展，金属在工农业生产、国防建设和日常生活中的作用越来越重要，因此，需要我们进一步学习有关金属的知识。

第一节　金属概述

在已发现的110多种元素中，金属元素大约占4/5。在元素周期表中，从第ⅢA族的硼元素向右下角划一条阶梯形折线，则周期表的右上角部分区域是非金属和稀有气体元素，其余部分都是金属元素（氢元素除外）。金属有不同的分类方法。在冶金工业上，常把金属分为黑色金属和有色金属两大类。黑色金属通常指铁、铬、锰及其合金（主要是铁碳合金）；有色金属是指除铁、铬、锰之外的所有金属。人们也常根据密度的大小把金属分类，把密度小于4.5g/cm^{3}的金属归为轻金属（如钾、钠、钙、镁等），把密度大于4.5g/cm^{3}的金属归为重金属（如锌、铅、镍等）。此外，还可将金属分为常见金属（铜、铝）和稀有金属（如锆、铌、钼等）。

一、金属的物理性质

在常温下，一切金属都具有晶体结构（除汞外），金属晶体中存在着中性原子、带有正电荷的金属阳离子和从原子中逃逸出来的自由电子。由于金属原子的最外层电子数比较少，原子半径又比较大，原子核对最外层电子的束缚就比较小，所以，金属原子很容易失去最外层的电子。这些电子不是固定在某一金属离子的附近，而是在晶体中自由地移动，故称其为自由电子。通过流动的自由电子，使金属原子和金属阳离子相互联结在一起而形成金属晶体。

金属具有很多共同的物理性质。

1. 金属的颜色和光泽

大多数金属呈银白色，少数金属呈其他颜色。例如，金呈黄色；铜呈紫红色。金属都是不透明的，块状或片状的金属具有金属光泽。在粉末状态时，除镁、铅等少数金属仍保持原来的光泽外，一般金属都呈暗灰色或黑色。

2. 金属的延展性

一般来说，金属都具有不同程度的延展性，可以压成片或抽成细丝。例如最细的白金丝直径只有 0.2μm；最薄的金箔，厚度只有 0.1μm。但也有少数金属，如锑、铋、锰等，性质比较脆，延展性也较差。

3. 金属的导电性和导热性

大多数金属具有良好的导电性和导热性。通常情况下，导电性好的金属导热性也好。常见的几种金属按照导电和导热能力大小排序如下：

银＞铜＞金＞铝＞锌＞铂＞锡＞铅

因为金、银比较贵重，所以，电线一般都是用铜或者铝制成的。

4. 金属的密度、硬度和熔点

大多数金属密度、硬度较大，熔点较高，但差别也较大。表 6-1～表 6-3 分别列出了几种金属的密度、硬度和熔点。

表 6-1　几种金属的密度

金　属	钾	钠	钙	镁	铝	锌	锡	铁	镍	铜	银	铅	汞	金	铂
密度/(g/cm^3)	0.86	0.97	1.55	1.74	2.70	7.14	7.3	7.86	8.9	8.92	10.5	11.34	13.6	19.3	21.45

表 6-2　几种金属的（莫氏）硬度

金　属	金刚石	铬	钨	镍	铂	铁	铜	铝	银	锌	金	钙	镁	锡	铅	钾	钠
(莫氏)硬度/度	10	9	7	5	4.3	4	3	2.9	2.7	2.5	2.5	2.2	2.1	1.8	1.5	0.5	0.4

表 6-3　几种金属的熔点

金　属	汞	钾	钠	锡	铅	锌	镁	铝	钙	银	金	铜	铁	铂	钨
熔点/℃	−39	62.3	98	232	328	419	651	660	848	961	1062	1083	1535	1774	3370

二、金属的化学性质

大多数金属元素原子的最外层电子数一般少于 4 个，在发生化学反应时，最外层电子较容易失去，本身变为金属阳离子，表现出还原性。因此，金属可以与非金属反应，与氧反应，与酸反应等。由于金属失电子的难易程度不一样，所以，各种金属还原性的强弱也不同，活泼性差别也较大。对于金属的化学性质，需要结合具体物质性质进行研究。

三、合金

合金是由两种或两种以上的金属（或金属跟非金属）熔合而成的具有金属特性的物质。例如，生铁和钢是铁碳合金，黄铜是铜锌合金等。

通常情况下，除密度以外，合金的性质并不是它的原有各组分性质的平均值，也不是其各组分性质的总和。合金的熔点低于组成它的主体金属的熔点。例如，铝硅合金（含 Si 13.5%）的熔点为 564℃，比纯铝或硅的熔点都低（硅的熔点为 1410℃，铝的熔点为 660℃）。合金的硬度一般比其各组分金属的硬度大，例如，在铜里面加 1%的铍所生成的合金的硬度，比纯铜大 7 倍。合金的导电性和导热性也比纯金属低得多。合金的化学性质也与组成它的纯金属有些不同，例如，铁在空气中容易锈，如果加入 13%左右的铬和 10%左右的镍，就不易生锈，这种钢称为不锈钢，被广泛用来制造食品机械设备。

由以上论述可知，合金比纯金属具有许多更优良的性能，因此在工农业生产中合金得到了更广泛的应用，尤其是随着科学技术的飞速发展，对材料的很多性能，如耐高温、耐高压、高强度、耐酸等都提出了更高的标准和要求。因此，研究、试制具有多种性质的合金对我国工农业的发展和国防建设具有重要意义。表 6-4 列出了一些重要的合金。

表 6-4　几种重要合金

种　类	成　分	性　质	用　途
黄铜	Cu60%、Zn40%	硬度比铜大	制造仪器、仪表
青铜	Cu80%、Sn15%、Zn5%	硬度比铜大，耐磨性	制造轴承、齿轮
白铜	Cu80%～70%、Ni13%～15%、Zn13%～25%	硬度比铜大	制造器皿
硬铝	Al93%～94.9%、Cu2.6%～5.2%、Mg0.2%、Mn0.2%～1.2%	坚硬、轻	用于航空制造业
焊锡	Sn25%～90%、Pb75%～10%	熔化时易附着于金属表面	焊接金属
镍-铬合金	Ni60%、Cr20%、Fe20%	电阻大，高温下不易被氧化	制作电阻丝
伍德合金	Bi50%、Pb25%、Sn12.5%、Cd12.5%	熔点低（63℃）	制保险丝
印刷合金	Pb83%～88%、Sb10%～13%、Sn2%～4%	凝固时若有膨胀，易熔化，坚硬	铸造铅字

第二节　钠

一、钠的物理性质

［实验 6-1］ 取一小块金属钠，用刀切去一端的外皮，观察钠的颜色。

金属钠很软，可以用刀切割。切开外皮后，可以看到钠的“真面目”呈银白色，具有美丽的光泽。

金属钠是热和电的良导体，熔点 97.81℃，很容易融化，沸点 882℃，都比较低。密度为 0.97g/cm^3，小于水的密度，能浮在水面上。

二、钠的化学性质

钠位于元素周期表中第三周期第ⅠA族，在化学反应中很容易失去最外层上的一个电子，因此，钠的化学性质很活泼，具有非常强的还原性。

1. 钠与氧气的反应

［**实验 6-2**］　用刀切开一小块钠，观察在光亮的断面上所发生的变化。把一小块钠放在石棉网上加热，观察发生的变化。

我们发现新切开的光亮的金属断面很快变暗，这是因为钠表面生成了一薄层氧化物，说明钠很活泼，在常温下，钠就能跟空气里的氧气迅速进行反应生成氧化物。氧化钠不稳定，能与氧气继续反应生成比较稳定的过氧化物。

$$4Na + O_2 = 2Na_2O$$

$$2Na_2O + O_2 = 2Na_2O_2$$

钠受热以后能够在空气里着火燃烧，在纯净的氧气里燃烧得更加剧烈，燃烧时发出黄色的火焰。

钠跟氧气剧烈反应生成淡黄色的过氧化钠。

$$2Na + O_2 \xlongequal{\triangle\text{或点燃}} Na_2O_2$$

2. 钠与水的反应

［**实验 6-3**］　切下黄豆粒大小的一块金属钠，除去表面的煤油或石蜡，把它投入到盛有水（滴有少量酚酞试剂）的烧杯中，观察钠与水反应的情况和溶液颜色的变化（见图 6-1）。

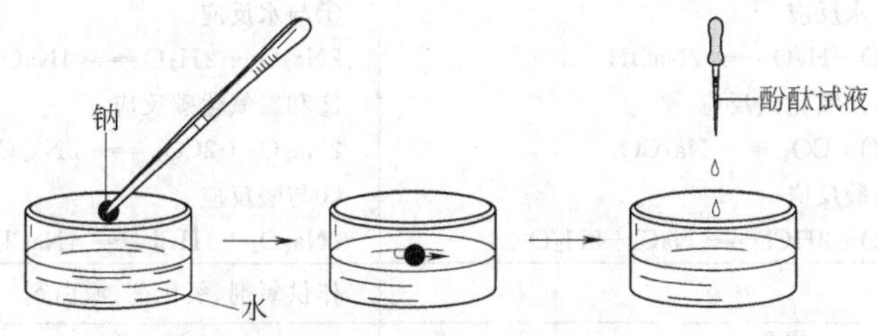

图 6-1　钠与水反应示意图

可以观察到，钠比水轻，投入烧杯后浮在水面上。钠跟水反应放出大量的热，立刻使钠熔化成一个闪亮的小球，小球向各个方向迅速游动，伴有沙沙的声音，并逐渐缩小，最后完全消失。钠跟水起反应后，烧杯里的溶液由无色变为红色。这种现象说明有新的物质生成，这种生成物就是氢氧化钠。而产生的气体是氢气。

$$2Na + 2H_2O = 2NaOH + H_2\uparrow$$

三、钠的存在

钠的性质很活泼，所以它在自然界里不能以游离态存在，只能以化合态存在。钠的化合物在自然界里分布很广，主要以氯化钠及硫酸钠、碳酸钠和硝酸钠等形式存在。

四、钠的用途

钠可以用来制取过氧化钠等化合物。钠和钾的合金在室温下呈液态，是原子反应堆的导热剂。钠是一种很强的还原剂，可以把钛、锆、铌、钽等金属从它们的化合物里还原出来。高压钠灯现在已经大量应用于道路和广场的照明，它不降低照明度又能节电降耗，有取代高压汞灯的趋势。

五、钠的重要化合物

1. 氧化物

常见的两种钠的氧化物列于表 6-5 中。

表 6-5　常见的钠的两种氧化物

物　质	氧　化　钠	过　氧　化　钠
组成结构	化学式：Na_2O（离子晶体）	化学式：Na_2O_2（离子晶体）
物理性质	白色固体，易潮解	淡黄色，粉末状固体
化学性质	①与水反应 $Na_2O+H_2O = 2NaOH$ ②与二氧化碳反应 $Na_2O+CO_2 = Na_2CO_3$ ③与酸反应 $Na_2O+2HCl = NaCl+2H_2O$	①与水反应 $2Na_2O_2+2H_2O = 4NaOH+O_2\uparrow$ ②和二氧化碳反应 $2Na_2O_2+2CO_2 = 2Na_2CO_3+O_2$ ③与酸反应 $2Na_2O_2+4HCl = 4NaCl+O_2\uparrow+2H_2O$
用途		作供氧剂、氧化剂、漂白剂
生成条件	$4Na+O_2 \xlongequal{常温} 2Na_2O$	$2Na+O_2 \xlongequal{\triangle或点燃} Na_2O_2$

2. 钠的其他重要化合物

（1）氢氧化钠（NaOH）　氢氧化钠俗名火碱、烧碱、苛性钠。白色固体，易潮解，极易溶于水并放出大量热，有强烈的腐蚀性，水溶液有滑腻感，并有涩味属强碱，具有碱类通性，能使石蕊溶液变蓝，使酚酞溶液变红，跟酸和酸性氧化物反应，跟盐发生复分解反应，也可以跟某些金属和非金属反应。氢氧化钠是重要的化工原料，在食品工业可用作水发剂及 pH 调节剂。

(2) 氯化钠 (NaCl)　氯化钠俗名食盐，是典型的离子晶体。纯净的氯化钠晶体无色透明、不潮解，由于杂质的存在一般情况下氯化钠为白色立方晶体，在空气中吸收水分而潮解。氯化钠溶液味咸，pH 值呈中性。食盐在自然界中分布很广，是重要的工业原料，在生活和医疗上有重要用途，如作为食品的调味剂，制成生理盐水（0.9%的 NaCl 溶液）。冰和盐的混合物是一种便宜的制冷剂，用来生产冷饮食品，往积雪的道路上洒食盐水，可加快冰雪融化。

(3) 硫酸钠 (Na_2SO_4)　硫酸钠晶体俗称芒硝，化学式是 $Na_2SO_4 \cdot 10H_2O$，硫酸钠是制玻璃和造纸的重要原料，也用在染色、纺织、制水玻璃等工业上，在医药上用作缓泻剂。自然界里的硫酸钠主要分布在盐湖和海水里。我国盛产芒硝。

(4) 硝酸钠 ($NaNO_3$) 和亚硝酸钠 ($NaNO_2$)　硝酸钠又称钠硝石、智利硝、盐硝。无色结晶或白色小结晶或粉末。无臭，味咸，略苦。易溶于水和液氨，溶于乙醇、甲醇，微溶于甘油和丙酮，易潮解。硝酸钠在动物体内被还原为亚硝酸钠，会造成血红蛋白变性，引起中毒。硝酸钠是氧化剂，与有机物、硫黄等还原剂混在一起能引起爆炸燃烧，硝酸钠是重要的工业原料，用于制造炸药、玻璃、搪瓷、烟草、金属清洗剂等工业，在食品工业主要用作肉制品的发色剂。

亚硝酸钠为白色或微带淡黄色的结晶粉末，分子式为 $NaNO_2$。亚硝酸钠有咸味，其水溶液呈碱性，易溶于水和液氨，微溶于甲醇、乙醇、乙醚。吸湿性强，露置于空气中缓慢氧化成硝酸钠。亚硝酸钠有毒，是公认的致癌物质。皮肤接触亚硝酸钠溶液的极限浓度为 1.5%，大于此浓度时皮肤会发炎，出现斑疹。误服 0.3g 即可致眩晕、呕吐、处于意识丧失状态，严重时可致人死亡。亚硝酸钠是重要的工业原料，广泛应用于印染、纺织、金属处理等行业，在食品工业主要用于肉制品的发色和抗氧化方面。

食品工业使用硝酸钠、亚硝酸钠时必须严格按照国家规定限量使用。

(5) 碳酸氢钠 ($NaHCO_3$)　碳酸氢钠俗称小苏打，是一种细小的白色晶体，由碳酸钠吸收二氧化碳和水分而制得。碳酸氢钠遇到盐酸能放出二氧化碳，因此常用在灭火器上。碳酸氢钠还是重要的工业原料，在食品工业主要用作发酵剂。

(6) 碳酸钠 (Na_2CO_3)　碳酸钠俗名纯碱或苏打，白色粉末，在常温下很稳定，加热也不会分解，碳酸钠溶于水呈碱性，是化学工业上常说的“三酸两碱”中的两碱之一，是重要的工业原料。食品工业中常用碳酸钠作食品添加剂。

第三节　铝

一、铝的物理性质

铝在自然界以化合态的形式存在。主要的铝矿有铝矾土 ($Al_2O_3 \cdot nH_2O$)、冰晶石（$NaAlF_6$）、明矾石［$KAl(SO_4)_2 \cdot Al_2O_3 \cdot 3H_2O$］等。在地壳中，铝的含量居第三位，仅次于氧和硅。铝是银白色的轻金属，密度为2.7g/cm³，熔点为660℃，沸点2060℃，具有良好的延展性、导电性和导热性。

二、铝的化学性质

铝的最外电子层上有3个电子，在化学反应中很容易失去电子而形成+3价的阳离子，因此，铝具有较强的还原性。在化学反应中，常用作还原剂。

1. 与非金属反应

在常温下，铝能够与空气中的氧气反应，生成一种致密而坚硬的氧化铝薄膜。这层薄膜能够阻止内部的铝不再继续氧化，因此铝制品具有一定的抗腐蚀能力。铝可以保存在空气中。铝可以在氧气中燃烧，发出耀眼的白光，并冒白烟。铝由于具有这种性质在军事上常用作照明弹和燃烧弹的原料。

$$4Al + 3O_2 \xlongequal{点燃} 2Al_2O_3$$

铝除能与氧气反应外，还能跟其他非金属如硫、卤素等反应。

如：$$2Al + 3S \xlongequal{\triangle} Al_2S_3$$

2. 与金属氧化物的反应

铝不但能跟空气中的氧起反应，而且还能夺取某些金属氧化物中的氧，放出大量的热。同时把还原出来的金属熔化。通常把用铝从金属氧化物中置换金属的方法称为铝热法。

如：$$2Al + Fe_2O_3 \xlongequal{高温} 2Fe + Al_2O_3$$

工业上常用铝热法冶炼难熔的金属、焊接钢轨等。

3. 与酸的反应

铝可以和盐酸或稀硫酸进行剧烈的反应。

$$2Al + 3H_2SO_4 \xlongequal{} Al_2(SO_4)_3 + 3H_2\uparrow$$

4. 与碱的反应

铝可以跟强碱溶液反应，生成偏铝酸盐和氢气。

$$2Al + 2NaOH + 2H_2O \xlongequal{} 2NaAlO_2 + 3H_2\uparrow$$

5. 与热水反应

铝可以和热水缓慢发生反应

$$2Al + 6H_2O(热水) \xlongequal{高温} 2Al(OH)_3 + 3H_2\uparrow$$

6. 与盐溶液反应

铝可以和一些盐溶液发生置换反应

$$2Al + 3Hg(NO_3)_2 \xlongequal{} 3Hg\downarrow + 2Al(NO_3)_3$$

三、铝的用途

由于铝的延展性好，可以抽成细丝，也可以压成薄片成为铝箔，单独或与其他材料（如纸、塑料等）复合用来包装多种商品。铝的导电性、导热性强，工业上常用铝代替铜作导线、热交换器和散热材料等。铝在粉末状态时仍能保持原有的金属光泽，并有一定的耐腐蚀能力，因而可用铝粉与某些涂料混合制成银白色的防锈涂料。铝虽然是一种活泼金属，但由于表面上覆盖了一层致密的氧化物保护膜，使铝不至于进一步同氧或水作用，因而在空气中有很高的稳定性，广泛地用来制造日用器皿。铝还可以跟许多元素形成合金，因铝合金质轻而坚韧，它们在汽车、飞机、火箭等的制造业以及日常生活中具有广泛的用途。

四、铝的重要化合物

1. 氧化铝（Al_2O_3）

氧化铝是一种难熔的白色物质，熔点为2050℃。天然产的无色氧化铝晶体称为刚玉，硬度很大，仅次于金刚石，耐高温，是一种比较好的耐火材料，被用来制成砂轮、研磨纸或研磨石等。通常所说的蓝宝石和红宝石是混有少量不同氧化物杂质的刚玉，它们不但可用作装饰品，而且还可用作精密仪器和手表的轴承。人工高温烧结的氧化铝称为人造刚玉。

氧化铝不溶于水，新制备的氧化铝既能与酸反应又能与碱反应。

$$Al_2O_3 + 6HCl \longrightarrow 2AlCl_3 + 3H_2O$$

$$Al_2O_3 + 2NaOH \longrightarrow 2NaAlO_2 + H_2O$$

因此，氧化铝是两性氧化物。

2. 氢氧化铝［$Al(OH)_3$］

氢氧化铝是一种白色难溶的胶状物质，它能凝聚水中的悬浮物，又有吸附色素的能力。氢氧化铝凝胶在医药上还是一种良好的抗酸药，也可用于治疗消化性溃疡病。

把氨水倒入铝盐溶液里可以沉淀出体积蓬松的白色胶状沉淀 $Al(OH)_3$。因此，在实验室里通常用铝盐溶液跟氨水反应制取氢氧化铝。

$$Al_2(SO_4)_3 + 6NH_3 \cdot H_2O \longrightarrow 2Al(OH)_3\downarrow + 3(NH_4)_2SO_4$$

用上述实验方法制取适量的 $Al(OH)_3$，分别装在两个洁净的试管里，然后分别加入足量的 NaOH 溶液和足量的盐酸。

可以观察到，$Al(OH)_3$ 在强酸或强碱的溶液里都能溶解。其反应可表示如下：

$$Al(OH)_3 + 3HCl \longrightarrow AlCl_3 + 3H_2O$$

$$Al(OH)_3 + NaOH \longrightarrow NaAlO_2 + 2H_2O$$

氢氧化铝既能跟酸反应，生成盐和水，又能跟碱反应，生成盐和水，因此氢氧化铝被称为两性氢氧化物。它的水溶液按下列两种方式电离：

$$Al^{3+}+3OH^- \rightleftharpoons Al(OH)_3 = H_3AlO_3 \rightleftharpoons H^+ + AlO_2^- + H_2O$$

加酸时，上式平衡向左移动，生成含有 Al^{3+} 的铝盐；加碱时，平衡向右移动，生成含有 AlO^{2-} 的偏铝酸盐。

3. 硫酸铝钾［$KAl(SO_4)_2 \cdot 12H_2O$］

硫酸铝钾俗名明矾，是无色晶体，易溶于水，其电离出的 Al^{3+} 跟水发生水解反应。

$$Al^{3+}+3H_2O \rightleftharpoons Al(OH)_3(\text{胶体})+3H^+$$

明矾水解所产生的氢氧化铝胶体具有很强的吸附能力，可以吸附水里悬浮的杂质，并形成沉淀，使水澄清。因此，明矾是一种较好的净水剂。

五、铝的工业冶炼

铝是一种活泼金属，具有很高的水合性，因此，不能从水溶液或者含水的铝盐中提制金属铝；如果从干态的化合物中制备铝，需要用更活泼的金属如钠等作还原剂，在实验设备和操作上要求是非常高的，很不经济。因此，在近代工业，常常用电解熔融的氧化铝的方法制备金属铝。

第四节　铁

人类用铁已有几千年的历史了。在目前发现的八十多种金属中，应用最广泛、用量最多的金属还是铁，这是因为铁矿在自然界里分布很广，铁合金的生产方法比较简单而且具有许多优良性能的缘故。在本节里我们将学习铁及铁的化合物。

一、铁的物理性质

纯净的铁是光亮的银白色金属，硬而有延展性，它的密度是 7.86g/cm³，熔点是 1535℃，沸点是 2750℃。纯铁的抗蚀力相当强，但通常用的铁都含有碳和其他元素，因而使它的熔点显著降低，抗蚀力也减弱。铁有良好的可塑性和导热性；铁也能导电，但它的导电性比铜、铝都差。铁能被磁体吸引，在磁场的作用下，铁自身也能产生磁性。

二、铁的化学性质

铁是比较活泼的金属，在金属活动性顺序表里它列在氢的前面。在化学反应中，铁原子容易失去 2 个或 3 个电子，变成带有 2 个或 3 个正电荷的阳离子。

1. 铁跟氧气和其他非金属的反应

常温时，铁在干燥的空气里不易跟氧气起反应，但把铁放在氧气里灼烧，就会生成一种黑色的四氧化三铁。

$$3Fe+2O_2 \xlongequal{点燃} Fe_3O_4[FeO \cdot Fe_2O_3]$$

加热时，铁也能跟其他非金属如硫、氯等发生反应，分别生成硫化亚铁和氯化铁。

$$Fe+S \xlongequal{\triangle} FeS$$

$$2Fe+3Cl_2 \xlongequal{点燃} 2FeCl_3$$

在铁跟硫的反应里，铁原子失去 2 个电子变成＋2 价的亚铁离子。在铁跟氯气的反应里，铁原子失去 3 个电子变成＋3 价的铁离子。这是因为氯气是一种更强的氧化剂，它夺取电子的能力比硫强的缘故。

在高温下，铁还能跟碳、硅、磷等发生化学反应。

2. 铁跟水的反应

红热的铁能跟水蒸气起反应，生成四氧化三铁和氢气。

$$3Fe+4H_2O(g) \xlongequal{\triangle} Fe_3O_4+4H_2\uparrow$$

在常温下，铁跟水不起反应。但是，在水和空气里的氧气以及二氧化碳等的共同作用下，铁很容易被腐蚀而生锈。若在酸性气体或卤素蒸气氛围中腐蚀更快。

3. 铁的其他反应

铁还能跟盐酸、稀硫酸和某些金属盐发生置换反应，生成二价铁的化合物。例如，铁跟盐酸或稀硫酸起反应，置换出氢气；铁与硫酸铜溶液反应置换出铜。

$$Fe+2H^+ \xlongequal{} Fe^{2+}+H_2\uparrow$$

$$Fe+Cu^{2+} \xlongequal{} Fe^{2+}+Cu$$

三、铁的重要化合物

1. 铁的氧化物

铁的氧化物有氧化亚铁（FeO）、氧化铁（Fe_2O_3）和四氧化三铁（Fe_3O_4）等。

氧化亚铁是一种黑色粉末，它性质很不稳定，在空气里加热，能迅速地被氧化成四氧化三铁。

氧化铁是一种红棕色粉末，俗称铁红，它可用作涂料的颜料等。

四氧化三铁是具有磁性的黑色晶体，俗称磁性氧化铁，结构较为复杂。

铁的氧化物都不溶于水，也不跟水起反应。

氧化亚铁和氧化铁都能跟酸起反应，分别生成亚铁盐和铁盐。

$$FeO+2H^+ \xlongequal{} Fe^{2+}+H_2O$$

$$Fe_2O_3+6H^+ \xlongequal{} 2Fe^{3+}+3H_2O$$

2. 铁的氢氧化物

跟氧化亚铁和氧化铁相对应的碱分别是氢氧化亚铁［$Fe(OH)_2$］和氢氧化铁［$Fe(OH)_3$］。这两种氢氧化物都可用相对应的可溶性的盐跟碱起反应而制得。

$$Fe^{2+} + 2OH^- = Fe(OH)_2\downarrow \text{（白色絮状沉淀）}$$

但这种白色絮状沉淀迅速变成灰绿色，最后变成红褐色。这是因为氢氧化亚铁在空气里被氧化成了氢氧化铁。

$$4Fe(OH)_2 + O_2 + 2H_2O = 4Fe(OH)_3 \text{（红褐色沉淀）}$$

$$Fe^{3+} + 3OH^- = Fe(OH)_3\downarrow$$

加热氢氧化铁，它就会失去水而生成红棕色的氧化铁粉末。

$$2Fe(OH)_3 \xlongequal{\triangle} Fe_2O_3 + 3H_2O\uparrow$$

氢氧化铁和氢氧化亚铁都是不溶性碱，它们能跟酸反应，分别生成铁盐和亚铁盐。

$$Fe(OH)_3 + 3H^+ = Fe^{3+} + 3H_2O$$

$$Fe(OH)_2 + 2H^+ = Fe^{2+} + 2H_2O$$

3. 铁化合物和亚铁化合物的相互转变

三价铁化合物遇较强的还原剂会被还原成亚铁化合物。例如，氯化铁溶液遇铁等还原剂，能被还原成氯化亚铁。

$$2Fe^{3+} + Fe = 3Fe^{2+}$$

亚铁化合物在较强的氧化剂的作用下也会被氧化成三价铁化合物。例如，氯化亚铁溶液跟氯气起反应，即被氧化成氯化铁。

$$2Fe^{2+} + Cl_2 = 2Fe^{3+} + 2Cl^-$$

从以上事实可以说明，Fe^{2+} 和 Fe^{3+} 在一定条件下是可以相互转化的。

$$Fe^{3+} + e^- \xrightarrow{\text{还原剂}} Fe^{2+}$$

$$Fe^{2+} - e^- \xrightarrow{\text{氧化剂}} Fe^{3+}$$

4. Fe^{3+} 的检验

我们可以利用无色的 SCN^- 跟 Fe^{3+} 反应，生成血红色的 $Fe(SCN)_3$，来检验和区分 Fe^{3+} 与 Fe^{2+}。Fe^{2+} 遇 SCN^- 不显色。

$$Fe^{3+} + 3SCN^- = Fe(SCN)_3 \text{（血红色）}$$

四、铁与动植物

铁是人体健康、植物生长必需的元素之一。在十多种必需的微量元素中铁无论在重要性上还是在数量上，都属于首位。一个正常的成年人全身含铁量大于3g，相当于一颗小铁钉的质量。人体血液中的血红蛋白就是铁的配合物，它具有固定氧和输送氧的功能。人体缺铁会引起贫血症，因此，要多食含铁丰富的食物，如动物的肝脏、芹菜、番茄等。只要不偏食，不大出血，成年人一般不会缺铁。

铁还是植物制造叶绿素不可缺少的催化剂。如果一盆花缺少铁，花就会失去艳丽的颜色和芳香的气味，叶子发黄枯萎，这时，就需要施加铁含量高的复合肥或黄酒、硫酸亚铁溶液。铁是土壤的一个重要组分，其在土壤中的比例从小于1%至大于20%不等，平均是3.2%，铁主要以铁氧化物的形式存在，其中既有二价铁又有三价铁，在土壤颗粒中以不同程度的微结晶形式存在，植物生长需要的铁主要来自于土壤。

本 章 小 结

一、金属的通性

不同的金属在密度、硬度、熔点和沸点等方面有很大的差别，但大多数金属有很多共同的物理性质，如有金属光泽、延展性和导电导热性等。

金属原子很容易失去最外层电子，变成金属阳离子，显示出还原性。即

$$M - ne^- \longrightarrow M^{n+}$$

金属还原性的强弱与它的结构、在元素周期表中的位置有关，与金属活动性顺序大致相同。金属的还原性主要表现在金属能跟氧气或其他非金属、水、酸和盐发生反应。

二、钠、铝、铁的主要的化学性质

1. 钠与其重要化合物的关系

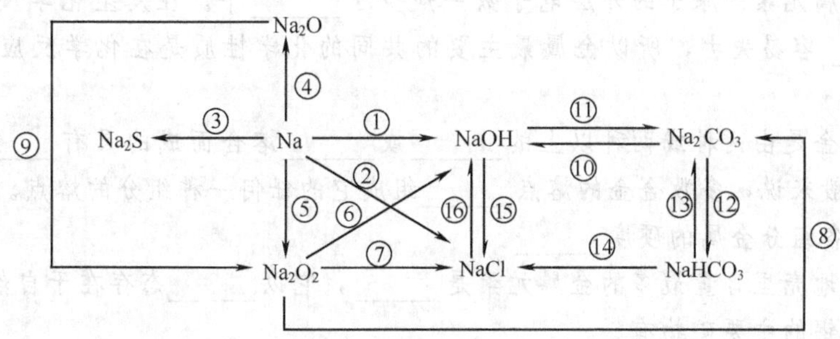

2. 铝与其重要化合物的关系

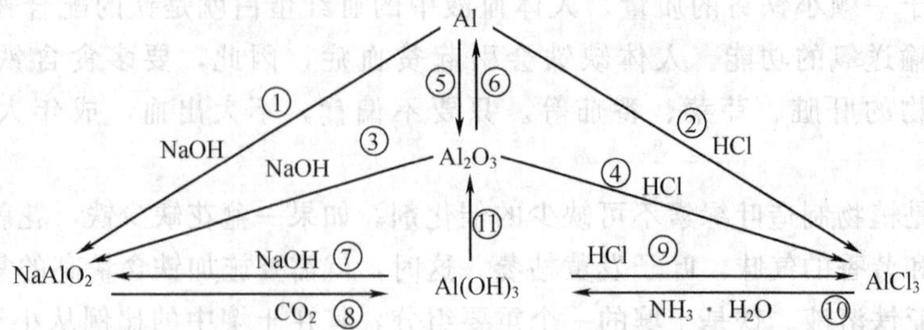

3. 铁与其重要化合物的关系

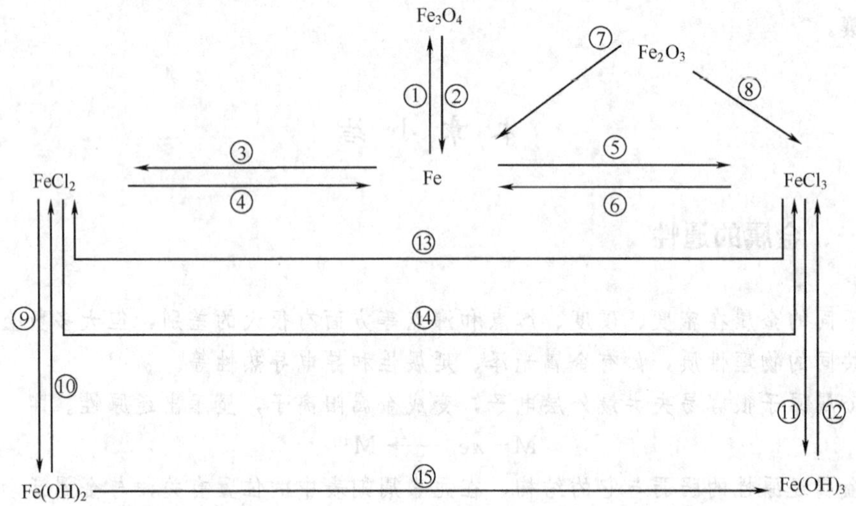

复 习 题

一、填空题

1. 金属元素的原子的外层电子数一般少于______个。在发生化学反应时，它们的______容易失去，所以金属最主要的共同的化学性质是在化学反应中表现出______。

2. 合金是由两种或两种以上的______或______熔合而成的具有______特性的物质。一般来说，多数合金的熔点______组成它的任何一种组分的熔点。合金的硬度一般比各组分金属的硬度______。

3. 在地壳里含量最多的金属元素是______，它以______态存在于自然界中。

4. 含铝的主要矿物有________________________________。

5. 将一块 Mg 和 Al 的合金完全溶解于盐酸后，再加入过量氢氧化钠溶液，此时溶液中存在的沉淀是______。

6. 铁位于元素周期表中第______周期，第______族。铁原子在化学反应中容易失去______个或______个电子，生成______价或______价的阳离子，因此铁的常见化合价是______价和______价。

7. 8.56g 三价金属氢氧化物，煅烧后生成 6.4g 氧化物。由此可推算出该金属氢氧化物的摩尔质量为______，该金属的原子量是______，它是______元素。

8. 将一小块钠投入盛放三氯化铁溶液的烧杯中，观察到的现象是______，有关反应的离子方程式是：①______；②______。

9. 金属单质 A 与盐酸反应生成浅绿色溶液 B，同时放出气体 C；如果在 B 溶液中通入氯气，则 B 转变成棕黄色溶液 D，将溶液 D 分为两份，一份加入几滴硫氰化钾溶液，生成血红色物质 E，另一份加入 A，则棕黄色溶液 D 重新变成浅绿色溶液 B，在溶液 B 中滴加 NaOH 溶液，生成白色沉淀 F，将 F 露置在空气中，会逐渐变成红褐色沉淀 G。则各物质的化学式分别是：A______B______C______D______E______F______G______。

有关反应的化学方程式为：

①________________；

②________________；

③________________；

④________________；

⑤________________；

⑥________________。

二、选择题

1. 下列叙述错误的是（　　）。

A. 金属钠在自然界中可以游离态存在

B. 钠燃烧时产生黄色的火焰

C. 钠与硫化合时可以发生爆炸

D. 钠在空气里燃烧生成过氧化钠

2. 对钠跟水反应的现象叙述正确的是（　　）。

A. 钠浮在水面，反应很快停止

B. 钠浮在水面剧烈燃烧的火焰呈黄色

C. 钠融化成闪亮的小球，浮在水面，不断滚动，嗞嗞作响，放出气体

D. 钠融化成的小球，沉在水底，并有气泡产生

3. 下列反应能生成氧气的是（　　）。

A. 用酒精灯加热二氧化锰　　B. 钠跟酸反应

C. 过氧化钠跟水反应　　D. 把钠投入水中

4. 在盛有NaOH溶液的试剂瓶口，常看到有白色固体生成，该固体主要是（　）。

A. NaOH　B. Na_2O　C. $NaHCO_3$　D. Na_2CO_3

5. 下列物质不能使品红溶液褪色的是（　）。

A. NaCl　B. NaClO　C. SO_2　D. Cl_2

6. 铝能在浓硝酸中被钝化是因为浓硝酸具有（　）。

A. 强氧化性　B. 强酸性　C. 强腐蚀性　D. 挥发性

7. 下列物质中，既能跟强酸溶液又能跟强碱溶液反应生成盐和水的是（　）。

A. Al　B. Al_2O_3　C. $Al(OH)_3$　D. Na_2CO_3

8. 下列各物质中，不能由组成它的两种元素的单质直接化合而得到的是（　）。

A. FeS　B. Fe_3O_4　C. $FeCl_3$　D. $FeCl_2$

9. 有关铁与水反应的说法中，正确的是（　）。

A. 在任何条件下，铁与水均不发生反应

B. 在高温时，铁与水蒸气反应生成氢氧化铁和氢气

C. 在高温时，铁与水蒸气反应生成氧化铁和氢气

D. 在高温时，铁与水蒸气反应生成四氧化三铁和氢气

10. 在常温下，下列物质中可用铁制容器储运的是（　）。

A. 稀 H_2SO_4　B. $FeCl_3$　C. $CuCl_2$　D. 浓硝酸

三、问答题

1. 金属钠应该怎样保存？为什么？

2. 在呼吸面具里有过氧化钠，这利用了它的什么性质？

3. 金属有哪些共同的物理特性？

4. 小苏打和氢氧化铝凝胶为什么在医药上可作为抗酸药？写出化学反应方程式。

5. 铝锅表面上既然有一层氧化物保护膜，为什么不宜用碱水洗或盛放酸性食物？

6. 明矾为什么有净水作用？

7. 家庭用的铝锅为什么不宜用碱水洗涤？为什么不宜用来蒸煮酸的食物？

8. 铝的下列用途主要是由它的哪些性质决定的？

(1) 家用铝锅

(2) 储运浓硝酸容器

(3) 导线

(4) 包装用铝箔

(5) 焊接钢轨

9. 为什么铁跟硫起反应生成的是硫化亚铁，而跟氯气起反应生成的却是氯化铁而不是氯化亚铁？写出有关反应的化学方程式。

10. 用什么方法可以检验 Fe^{2+} 的存在，写出有关的离子方程式。

四、写出下反应的化学方程式，并标出电子转移方向。

1. 钠跟氯气反应

2. 钠跟水反应

3. $Al \rightarrow Al_2O_3 \rightarrow AlCl_3 \rightarrow Al(OH)_3 \rightarrow NaAlO_2$

4. 分别写出铝跟氢氧化钠、稀硫酸起反应的化学方程式，然后再把这两个化学方程式改写成离子方程式。

五、计算题

1. 加热 410g 小苏打直至没有气体放出时，剩余的物质是什么？它的质量是多少克？

2. 0.2mol 钠跟水起反应，能生成多少升的氢气（标准状态）？

第七章　烃

第一节　有机化合物概述

一、有机化合物和有机化学的含义

有机化学是一门研究有机化合物的化学。有机化合物大量存在于自然界，它与人类生活有着极为密切的关系。那么，什么是有机化合物呢？最早，有机化合物是指从动植物体内取得的物质，它的性质与来源于矿物的无机物质不同，由于动植物体内的物质和生命有着密切的关系，所以从前的科学家们认为它们是“有生机之物”，称之为有机化合物，简称有机物。

随着生产实践和科学研究的不断发展，人们发现有机化合物不一定存在于动植物体内，它们也可以由简单的无机物通过人工的方法合成。因此，有机化合物的含义就有了本质上的变化。人们通过研究，发现有机化合物都含有碳，认为**碳是有机化合物的基本元素**，1848 年葛梅林把含碳的化合物称为有机化合物，把有机化学定义为研究碳化合物的化学。但是有些碳化合物如一氧化碳、二氧化碳、碳酸盐、金属氰化物（如 NaCN）及氰酸盐（如 NH_4OCN）等，具有典型的无机化合物的性质，仍属于无机物范围，故在无机化学中讨论。

组成有机化合物的元素除碳元素外，绝大多数都含有氢元素，不少有机化合物还含有氧、氮、硫、磷、卤素等元素。从化学结构上看，有机化合物可以看作是碳氢化合物，以及从碳氢化合物衍生而得的化合物。因此，1874 年德国化学家肖莱马又提出，有机化学是研究碳氢化合物及其衍生物的化学。

二、有机化学的发展简介

自从地球上有了人类生命以来，人类就本能地与各种有机物打交道。为了生活和生产上的需要，人们很早就学会从自然界的动植物中提取和应用有机物。如我国在 4000 年前就会酿酒、制醋，在两千多年前就掌握了造纸的工艺；并且能从植物中提取色素加以利用，但是这些都不是纯净的有机物。

18 世纪初欧洲爆发了工业革命，随着机器化大生产时代的到来，不仅需要大量的化学材料，也有力地推动了有机化学的发展。人们开始从动植物中提取一系列较纯的有机物。例如，从尿中取得纯的尿素（1773 年），从酸牛奶中取得乳酸（1780 年），从鸦片中取得吗啡（1805年）等。1828 年，德国化学家魏勒发现蒸发氰酸铵溶液很容易得到能从哺乳类动物尿中分离而得的尿素。

$$NH_4OCN \xrightarrow{\triangle} (NH_2)_2CO$$

魏勒的这一成果马上得到他的老师柏齐力马斯和其他一些化学家的承认。直到 19 世纪中叶，许多化学家陆续合成了不少有机物。彻底打破了“用人工方法无法由无机物合成有机物”的唯生命力论，从此有机化学就进入了合成的时代。1850～1900 年，人们以煤焦油为原料，合成了以染料、药物和炸药为主的大量有机化合物。

从 19 世纪初期有机化学成为一门新的学科诞生以来，发展很快，积累了为数可观的有机化合物的实验数据。1858 年出现了碳原子四价及碳链理论。在此基础上，1861 年布特列洛夫首次提出了化学结构的概念，认为结构是原子在分子中结合的序列，绝大多数有机化合物具有固定的结构，而结构规定了化合物的物理特征和反应行为。1865 年，富有想象力的德国化学家凯库勒为苯确定了一个单双键交替的六个碳原子的平面环状结构，从而解决了苯及其衍生物的结构问题。1874 年碳四面体学说出现，从而建立了分子的立体概念，经典的有机化学结构理论基本建立。到了 20 世纪初，随着电子理论及其后的量子力学原理和方法被引入化学领域，出现价键理论、分子轨道理论等，从而解释了共价键的本性，使有机化学的理论化取得了巨大的进展。如今对有机化学的研究已进入了由宏观到微观，从定性到定量的阶段。

从 20 世纪 30～40 年代开始，物理方法如 X 衍射、红外光谱、核磁共振光谱等的引用，大大提高了结构测定的效率，从而开始了一个有机合成的繁荣新时期。今天，许多天然产物都可以在实验室中合成，例如维生素、叶绿素、吗啡及某些碳水化合物、蛋白质等。我国于 1965 年成功地合成了世界上第一个具有生物活性的蛋白质——牛胰岛素。1981 年我国又人工合成了具有与天然转移核糖核酸完全相同的化学结构和生物活性的酵母丙氨酸转移核糖核酸。近年来，有机化学家正在探索新的高效制备途径，如酶化学和酶模拟化学等，另外正积极利用电子计算机进行有机合成的设计工作。

三、有机化合物的性质特点

组成有机化合物的元素较少，主要是**碳和氢**两种元素，碳是有机化合物的特征元素。由于碳原子结构的特殊性，在碳原子和其他原子或碳原子之间常以共价键结合。碳原子之间可以结合成链状，也可以结合成环状。因为碳原子彼此结合的多样性，使有机化合物产生同分异构现象，结构复杂，数目庞大。由于有机化合物的组成成分要是碳元素，而且通常以共价键结合，因而导致有机化合物在性质上与无机化合物有明显的差异。但这些差异也是相对而言的，不能作为有机化合物的绝对标志。

1. 熔点、沸点低

大多数有机化合物在常温下是气体、液体或低熔点的固体。有机化合物的熔点常在400℃以下。例如无机盐氯化钠的熔点为808℃，而有机化合物尿素的熔点则为132.7℃。

2. 容易燃烧

有机化合物一般都可以燃烧，而无机化合物大多数不易燃烧。只含碳和氢两种元素的有机化合物燃烧后，最终产物是二氧化碳和水，很少留有灰分。这也是用来区别有机化合物与无机化合物最简单的方法。

3. 难溶于水

大多数有机化合物难溶于水或不溶于水。因为大多数有机化合物是非极性或弱极性分子，而水分子的极性较强。因此，大多数有机化合物难溶解于水，易溶于有机溶剂。酒精虽是有机化合物，但它含有较强的极性基团，因而可以和水混溶。

4. 反应较慢

有机化合物之间反应比较慢。有机化合物起反应时需要经过共价键的断裂和形成过程，只有当分子具有一定能量时才能起反应。而无机化合物是离子之间的反应，瞬时即可完成。所以有机化合物反应时常常需几小时甚至几十小时才能完成或达到平衡。但有些有机化合物反应也相当快，如炸药。

5. 反应较复杂常伴有副反应发生

有机化合物分子结构比较复杂，能起反应的部位较多，在进行反应时，常不局限于在某一个部位进行；除了主要部位进行反应外，还有其他部位也发生反应。因而有机化合物之间的反应除了主要反应外，常伴随着副反应，反应产物中还存在一些副产物。

四、有机化合物的结构特点

有机物中最基本的元素是碳。碳是位于周期表中第二周期、第ⅣA族的元素，碳原子的最外电子层有4个电子，常以共价键和氢、氧、氮等元素的原子结合形成共价化合物。表示有机物组成和结构的方法很多，常用下面4种形式表示：

```
    H               H
H × C ·H        H — C — H        CH4        CH4
    H               H

 H  H             H  H
H:C:C:H       H — C — C — H      CH3—CH3    C2H6
 H  H             H  H
 电子式          结构式          结构简式   分子式
```

其中，**表示分子中原子的种类和数目，并以短线代表共价键将其相连的式子叫做结构式，其简写形式叫结构简式。**为更清楚地表示有机化合物的反应情况，在书写有机反应式时，很少使用分子式，一般使用结构简式或结构式。

碳原子除以共价键与其他原子结合外，碳原子之间可以分别共用 1 对、2 对或 3 对电子，从而形成碳碳单键、双键或三键：

—C—C—C—C—	—C—C—	碳碳单键
—C—C—C═C—	—C═C—	碳碳双键
—C—C—C≡C—	—C≡C—	碳碳三键

碳原子与碳原子之间以共价键结合构成链状或环状“碳架”，也可与其他原子相互结合形成链状或环状“骨架”。有机物分子结构中化学键的主要类型为**共价键**。

连接在有机物骨架上的某些原子或原子团，往往可以使这个化合物表现出特定的性质。这种能使有机化合物分子具有特定性质的原子或原子团叫做官能团。官能团常是分子结构中对反应最敏感或较敏感的部分。有机化合物的主要反应多数发生在官能团上。

五、有机化合物的分类

有机化合物数目大，种类繁多，如何科学地进行分类，也是认识和研究有机化合物的重要问题。有机化合物的性质是由结构决定的，因此结构是对有机化合物分类的重要依据。有机化合物的分类一般有两种方法：一种是按照碳原子的连接方式即碳架来分；另一种是按照官能团来分。

（一）根据碳架分类

根据碳架的不同，将有机化合物分为以下 3 类。

1. 开链化合物

在开链有机化合物分子中，碳原子彼此连接成链状，故叫做**开链化合物**。例如：

```
    H  H  H              H  H  H  H
    |  |  |              |  |  |  |
 H—C—C—C—H          H—C—C—C—C—H
    |  |  |              |  |  |  |
    H  H  H              H  H  H  H
      丙烷                   丁烷
```

因为这种长链状化合物最初是在油脂中被发现的，所以习惯上把它叫做脂肪族化合物。

2. 碳环化合物

在碳环化合物分子中，碳原子彼此连接成环状，故叫做碳环化合物。这类化合物根据碳环的结构特点不同，又可分为两大类。

（1）脂环族化合物　这类碳环化合物在性质上和脂肪族化合物相似，故叫做脂环族化合物。例如：

```
       CH2
      /   \
  CH2       CH2
   |         |        简写为  ⬡
  CH2       CH2
      \   /
       CH2
```

环已烷

(2) 芳香族化合物　这类碳环化合物的分子结构中，含有苯环或与苯环具有相似结构特点的碳环。它们和脂环族化合物相比，在性质上有一定的特殊性。例如：

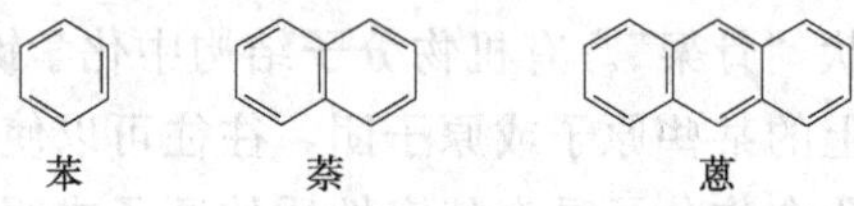

苯　　萘　　蒽

3. 杂环化合物

这类化合物也是环状化合物。但是组成这类化合物的环，除碳原子以外，还有其他元素的原子，其他元素的原子称为杂原子。故这类化合物叫做杂环化合物。例如：

```
   CH═CH
  /     |
 O      |
  \     |
   CH═CH
```

呋喃

按碳架进行分类，虽然在一定程度上反映了各类有机物的结构特征，但还不能完全反映这些化合物的性质。例如，开链化合物和脂环化合物的性质是相似的，二者可作为一类，统称为脂肪族化合物。

(二) 按官能团分类

官能团是有机化合物分子中一些特殊的原子或基团，它决定着有机化合物的基本性质。一般来说，含有相同官能团者，化学性质相似，这是按官能团分类的依据。重要官能团的名称和结构式见表 7-1。

表 7-1　重要官能团的名称和结构式

化合物类别	含有的官能团	官能团名称	化合物类别	含有的官能团	官能团名称
烯烃	$C{=}C$	双键	醛或酮	$-\overset{\overset{\displaystyle O}{\|}}{C}-$	羰基
炔烃	$C{\equiv}C$	三键	羧酸	$-\overset{\overset{\displaystyle O}{\|}}{C}-OH$	羧基
卤代烃	—X(F、Cl、Br、I)	卤素	硝基化合物	$-NO_2$	硝基
醇或酚	—OH	羟基	胺	$-NH_2$	氨基
醚	—C—O—C—	醚键	磺酸基化合物	$-SO_3H$	磺酸基

第二节 烷 烃

在有机化合物中，**仅由碳和氢两种元素组成的有机物称为碳氢化合物，简称烃**(ting)。

根据烃分子结构中碳架的不同形式，可把烃分为两大类：链烃和环烃。链烃和环烃还可以按分子结构中价键的不同，进一步分类如下：

- 烃
  - 链烃
    - 饱和链烃——烷烃
    - 不饱和链烃
      - 烯烃
      - 炔烃
  - 环烃
    - 环烷烃
    - 芳香烃

烷烃是有机化合物中最简单的一类，在这类化合物中，碳原子与碳原子之间以单键相连，碳原子的其余价键与氢原子相连，烷烃通常被看作是其他有机化合物的母体。甲烷是最简单、最重要的烷烃代表物。

一、甲烷

甲烷是最简单的烷烃，甲烷的分子式是 CH_4。经测定，甲烷分子里的 1 个碳原子和 4 个氢原子不在同一平面上，而是形成了一个正四面体的立体结构。碳原子位于正四面体的中心，4 个氢原子分别位于正四面体的 4 个顶点上。

甲烷是无色、无味、易燃的气体，沸点为－164℃，难溶于水，密度比空气小。甲烷与氧气能形成爆炸性混合物，这就是一些矿井发生爆炸事故的原因之一。

在通常条件下，甲烷的性质比较稳定，不与高锰酸钾等强氧化剂发生反应，也不能与强酸、强碱发生反应。但在一定条件下，甲烷也会发生某些反应。

1. 甲烷的氧化

纯净的甲烷能在空气中安静地燃烧，发出淡蓝色的火焰，生成二氧化碳和水，同时放出大量的热。因此，甲烷是一种很好的燃料。

$$CH_4 + 2O_2 \xlongequal{\text{点燃}} CO_2 + 2H_2O$$

甲烷在 1500℃下可控制氧化成乙炔，这是生产乙炔的一种方法。

$$5CH_4 + 3O_2 \xrightarrow{1500℃} C_2H_2 + 3CO + 6H_2 + 3H_2O$$

甲烷在 725℃和有镍催化剂存在时，可与水反应生成氢气及一氧化碳。氢气和一氧化碳称为合成气，用来合成氨、尿素、甲醇等。

$$CH_4 + H_2O \xrightarrow[\triangle]{催化剂} CO + 3H_2$$

2. 取代反应

在光照条件下，甲烷能跟氯气发生反应，氯气的黄绿色就会逐渐变淡，这个反应是分步进行的，甲烷分子中的氢原子逐个被氯原子取代，生成一系列产物。

$$CH_4 + Cl_2 \xrightarrow{光} \underset{一氯甲烷}{CH_3Cl} + HCl$$

$$CH_3Cl + Cl_2 \xrightarrow{光} \underset{二氯甲烷}{CH_2Cl_2} + HCl$$

$$CH_2Cl_2 + Cl_2 \xrightarrow{光} \underset{三氯甲烷}{CHCl_3} + HCl$$

$$CHCl_3 + Cl_2 \xrightarrow{光} \underset{四氯化碳}{CCl_4} + HCl$$

在这些反应里，甲烷分子里的氯原子逐步被氯原子所取代，生成 4 种取代产物。**这种有机物分子里的某些原子或原子团被其他原子或原子团所代替的反应叫做取代反应。**

甲烷的四种氯的取代物都不溶于水。在常温下，一氯甲烷是气体，其他 3 种都是液体。三氯甲烷和四氯化碳是工业上重要的溶剂。

3. 甲烷的产生

甲烷广泛存在于自然界，是天然气、沼气、煤矿瓦斯气的主要成分。沼气是有机物质如人类粪便、植物秸秆等含纤维素的废弃物在一定的湿度、温度、pH 值和隔绝空气条件下，经微生物发酵而生成的，其主要反应如下：

$$(C_6H_{10}O_5)_n + nH_2O \xrightarrow[甲烷菌]{嫌气发酵} nCH_4\uparrow + CO_2\uparrow$$

沼气是当代三大新能源（沼气、地热、太阳能）之一，有广泛的开发前景和利用价值。

实验室里甲烷常用醋酸钠与新鲜的碱石灰（氢氧化钠和消石灰的混合物）作用来制得，反应式如下：

$$CH_3COONa + NaOH \xrightarrow[\triangle]{CaO} CH_4\uparrow + Na_2CO_3$$

二、烷烃

除甲烷外，还有一系列性质跟甲烷很相似的烷烃，其结构式及结构简式如下：

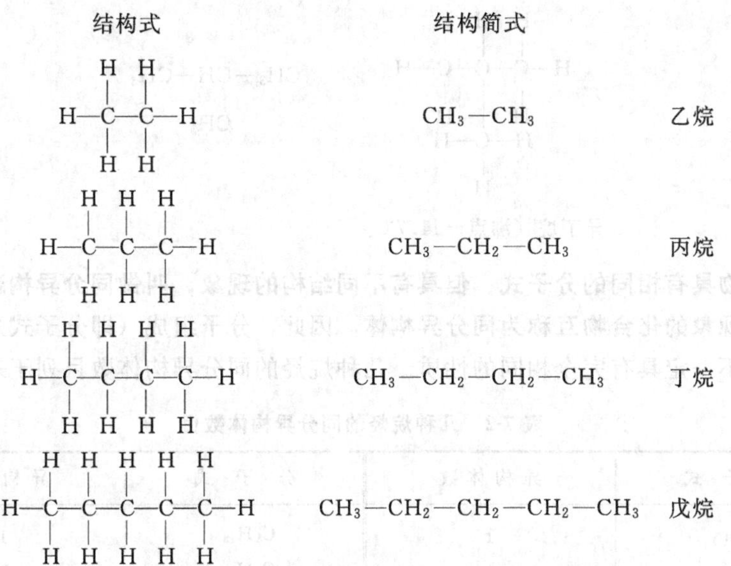

由上述结构式不难看出，从甲烷开始，每增加一个碳原子，就相应地增加两个氢原子。因此，烷烃的分子组成通式可以表示为：C_nH_{2n+2}（$n \geqslant 1$）。这些结构相似，在分子组成上相差一个或多个 CH_2 并具有同一通式的一系列化合物称为**同系列**。同系列中的各化合物互称同系物，相邻的同系物在组成上相差一个 CH_2，CH_2 就称为同系列的系差。

有机化合物中除了烷烃同系列以外，还有其他同系列，同系列是有机化学的普遍现象。同系列的概念对我们学习和研究有机化合物是非常重要的，因为同系物具有相类似的化学性质，只要研究几个典型的、有代表性的化合物的性质之后，就可以推知其他同系物的一般化学性质，这为有机化合物的研究提供了方便。但是，在运用同系列概念时，除了掌握其共性外，要注意它们的个性，特别是同系物中的第一个化合物。

三、烷烃的同分异构现象

在烷烃的同系列中，像甲烷、乙烷、丙烷这些化合物，由于组成分子的碳原子数目的限制，它们都只有一种结构形式，但是从丁烷开始就出现不同的结构形式，丁烷（C_4H_{10}）有两种，一种是直链的，沸点－0.5℃，叫正丁烷；另一种是带支链的，沸点为－11.7℃，叫异丁烷。它们的结构式如下：

```
H  H  H  H
|  |  |  |
H—C—C—C—C—H      CH3—CH2—CH2—CH3
|  |  |  |
H  H  H  H
```

正丁烷（沸点－0.5℃）

```
      H  H  H
      |  |  |
   H—C—C—C—H              CH3—CH—CH3
      |  |  |                    |
      H  |  H                   CH3
      H—C—H
         |
         H
```

异丁烷（沸点−11.7℃）

化合物具有相同的分子式，但具有不同结构的现象，叫做同分异构现象。具有同分异构现象的化合物互称为同分异构体。因此，分子组成（即分子式）完全相同的物质，不一定具有完全相同的性质。几种烷烃的同分异构体数目列于表7-2中。

表7-2　几种烷烃的同分异构体数目

分子式	异构体数	分子式	异构体数
CH_4	1	C_8H_{18}	18
C_2H_6	1	C_9H_{20}	35
C_3H_8	1	$C_{10}H_{22}$	75
C_4H_{10}	2	$C_{11}H_{24}$	159
C_5H_{12}	3	$C_{12}H_{26}$	355
C_6H_{14}	5	$C_{15}H_{32}$	4374
C_7H_{16}	9	$C_{20}H_{42}$	366391

正确而迅速地推导和书写化合物的同分异构体是学习有机化学的一项基本功。现以己烷为例，把书写要点介绍如下。

① 首先写出最长的直链式，为了方便，暂时只写碳架。任何烷烃，直链式只有一种，如：

```
C—C—C—C—C—C        (1)
```

② 把主链缩短一个碳原子，减掉的一个碳（即甲基）当作取代基，依次连接在除端位碳原子之外的其他主链碳原子上，如：

```
C—C—C—C—C          (2)
   |
   C

C—C—C—C—C          (3)
      |
      C
```

如果甲基排在主链的两端，得到的化合物和（1）相同，如：

```
C—C—C—C—C          (4)
|
C
```

（4）和（1）形式不同，实际上是相同的。（4）就是（1）。

移动甲基时，不超过“对称中线”，否则会造成重复，如：

```
C—C—C—C—C        (5)
        |
        C
```

（5）翻过来，即为（2）。

③ 主链缩短两个碳原子，把减下的两个碳作为两个取代基（即两个甲基），或者当作一个取代基（即乙基）连接在主链上。连有两个甲基取代基的碳架有：

```
C—C—C—C          (6)
  |  |
  C  C

  C
  |
C—C—C—C          (7)
  |
  C
```

乙基无论连接在主链的哪个碳原子上都与前面已写出的碳架重复，如：

```
C—C—C—C
  |
  C              (8)
  |
  C
```

最长的主链不是 4 个碳，而是 5 个碳，很容易看出（8）和（3）相同。

④ 碳架写好，再补上氢原子，即得己烷的 5 种异构体。

四、烷烃的命名

有机化合物的命名是有机化学的一个重要内容，而烷烃的命名是有机化合物命名的基础。烷烃的命名方法通常有普通命名法和系统命名法两种。

1. 普通命名法

普通命名法又称习惯命名法，其基本原则如下。

① 根据分子中的碳原子数称为“某烷”。用甲、乙、丙、丁、戊、己、庚、辛、壬、癸 10 个字分别表示 10 个以下碳原子数目的烷烃；10 个以上碳原子数目的烷烃，则用十一、十二、十三等中文数字表示，然后加上“烷”字，即为烷烃的名称。如 $C_{10}H_{22}$ 为癸烷，$C_{13}H_{28}$ 为十三烷。

② 为区别异构体，直链的烷烃称“正”某烷，把在链端第二碳原子上连有一个甲基支链的叫“异”某烷，连有两个甲基支链的叫“新”某烷。

烷烃分子中去掉一个氢原子剩下的基团叫烷基，通式为 C_nH_{2n+1} 通常用 R—表示。烷基的名称由相应的烷烃而来。常见烷基列于表 7-3 中。

普通命名法只适用于结构比较简单的烷烃，而对结构比较复杂的烷烃则需要用系统命名法命名。

2. 系统命名法

我国采用的系统命名法是根据国际通用的（IUPAC 国际纯粹与应用化学联合会）

表 7-3　常见的烷基

烷　基	名　称	烷　基	名　称
CH_3-	甲基	$\begin{array}{l}\quad CH_3 \\ \quad\; \vert \\ CH_3CHCH_2-\end{array}$	异丁基
CH_3CH_2-	乙基		
$CH_3CH_2CH_2-$	(正)丙基	$\begin{array}{l}CH_3CH_2CH- \\ \qquad\quad\; \vert \\ \qquad\quad CH_3\end{array}$	仲丁基
$\begin{array}{l}\quad CH_3 \\ \quad\; \vert \\ CH_3CH-\end{array}$	异丙基	$\begin{array}{l}\quad CH_3 \\ \quad\; \vert \\ CH_3CH- \\ \quad\; \vert \\ \quad CH_3\end{array}$	叔丁基
$CH_3CH_2CH_2CH_2-$	(正)丁基		

命名法规则，结合我国的文字特点而制定的。

直链烷烃的系统命名与普通命名法相似，但不加“正”字。对于结构复杂的烷烃，则要按以下原则命名。

① 从结构式中选择最长的碳链作为主链（母体），把支链当作取代基，根据主链所含的碳原子数称做“某烷”。

② 由距离支链最近的一端开始，将主链上的碳原子用阿拉伯数字编号，取代基的位置以它所连碳原子的号数表示，并在主链名称之前依次标出取代基的名称和位置。取代基的位置和名称之间加短线隔开。如果主链上有几个相同取代基时，相同取代基的数目用中文数字二、三、四等表示，并写在取代基名称之前，位置号按从小到大的顺序用“,”分开。如果主链上有几个不同的取代基，把简单的写在前面，复杂的写在后面。例如：

$$\begin{array}{l} CH_3-CH-CH-CH_2-CH_3 \\ \qquad\quad \vert \qquad \vert \\ \qquad\; CH_3 \;\; CH_3 \end{array} \qquad\qquad \begin{array}{l} CH_3-CH-CH-CH_2-CH_2-CH_3 \\ \qquad\quad \vert \qquad \vert \\ \qquad\; CH_3 \;\; CH_2CH_3 \end{array}$$

2,3-二甲基戊烷　　　　2-甲基-3-乙基己烷

③ 在选择最长碳链有两种或两种以上可能时，则应选择含取代基最多的作为主链。若两个链端的相同位置上均连有取代基时，则先考虑结构简单的取代基。例如：

$$\begin{array}{l} {}^6CH_3-{}^5CH_2-{}^4CH-{}^3CH-CH_2-CH_3 \\ \qquad\qquad\qquad\; \vert \qquad\; \vert \\ \qquad\qquad\quad\; CH_3 \;\; {}^2CH-CH_3 \\ \qquad\qquad\qquad\qquad\quad\; \vert \\ \qquad\qquad\qquad\qquad\; {}^1CH_3 \end{array}$$

2,4-二甲基-3-乙基己烷

$$\begin{array}{l} CH_3-CH_2-CH-CH-CH_2-CH_3 \\ \qquad\qquad\quad \vert \qquad \vert \\ \qquad\qquad\; CH_3 \;\; CH_2 \\ \qquad\qquad\qquad\quad\; \vert \\ \qquad\qquad\qquad\; CH_3 \end{array}$$

3-甲基-4-乙基己烷

若主链上有多个取代基时，从主链的任意一端开始编号，则得两种表示取代基位置的数字，此时应选取所有的取代基位置数字之和最小的主链的编号。例如：

$$\overset{6}{C}H_3-\overset{5}{C}H(CH_3)-\overset{4}{C}H_2-\overset{3}{C}H(CH_3)-\overset{2}{C}(CH_3)_2-\overset{1}{C}H_3$$

(1)　(2)　(3)　(4)　(5)　(6)

2,2,3,5-四甲基己烷

在上面的例子中，不加括号的取代基的位置分别为2、2、3、5；而加括号的取代基的位置分别为2、4、5、5。在这两种编号中，不加括号的取代基的位置数字之和为12，加括号的取代基的位置数字之和为16，故应选取不加括号的作为主链的编号。

五、自然界中的烷烃

烷烃广泛存在于自然界。它的主要来源是天然气和石油。天然气是蕴藏在地层内的可燃气体，其主要成分是甲烷、乙烷等低分子量烷烃的混合物。沼气的主要成分为甲烷，是由腐烂的植物受微生物的作用而产生的，它可以作为一种气体燃料。利用生活垃圾和农业副产物（如粪便、稻草、豆壳、杂草等）进行发酵可以制取沼气。既净化了环境，又提供了能源，发酵后的残渣，还可以做肥料和某些家畜的饲料。

一些植物的叶子和果皮上的蜡质层也含有高级烷烃。例如苹果皮上的蜡层中含有二十七烷和二十九烷，烟叶上的蜡层含有二十七烷和三十一烷，菠菜上的蜡层含有三十三烷、三十五烷和三十七烷。

此外，某些昆虫的外激素就是烷烃。所谓“外激素”是同种昆虫之间借以传递信息而分泌的化学物质。例如，雌虎蛾引诱雄虎蛾的性外激素是2-甲基十七烷。这样就可以人工合成这种昆虫性激素，并利用它将雄虎蛾引至捕虫器中而将其杀死。这是近些年发展起来的第三代农药，颇有发展前途。

第三节　烯　　烃

在具有链状分子结构的烃里，除了饱和链烃外，还有许多烃，它们分子里的碳原子所结合的氢原子数少于饱和链烃里的氢原子数。如果这些化合物跟某些物质起反应，它分子里的这种碳原子还可以结合其他的原子或原子团，常把这类烃叫做不饱和烃。

一、乙烯

乙烯就是一种不饱和烃。乙烯的分子式是C_2H_4；结构式是 $H-\underset{}{\overset{H}{\overset{|}{C}}}=\overset{H}{\overset{|}{C}}-H$ ；结

构简式为 $CH_2=CH_2$。

乙烯分子组成最简单的烯烃。实验表明，乙烯分子里的两个碳原子和 4 个氢原子都处在同一平面上。

1. 乙烯的物理性质

乙烯是无色微带气味的气体，难溶于水，密度为 1.25g/L，比空气略轻。

2. 乙烯的化学性质

(1) 氧化反应　乙烯能在空气中燃烧，有明亮的火焰，但是乙烯分子里含碳量比较大，由于这些碳没有得到充分的燃烧，所以有黑烟产生。

$$CH_2=CH_2+3O_2 \xrightarrow{\text{点燃}} 2CO_2+2H_2O$$

乙烯易被高锰酸钾等强氧化剂氧化。若将乙烯通入酸性 $KMnO_4$ 溶液，溶液的紫色褪去。这种方法可以用于区分甲烷和乙烯。

(2) 加成反应　乙烯能跟溴水里的溴起反应，生成无色的 1,2-二溴乙烷 ($CH_2Br—CH_2Br$) 液体。

$$H-\overset{\displaystyle H}{\overset{|}{C}}=CH_2+Br-Br \longrightarrow H-\underset{\underset{\displaystyle Br}{|}}{\overset{\overset{\displaystyle H}{|}}{C}}-\underset{\underset{\displaystyle Br}{|}}{\overset{\overset{\displaystyle H}{|}}{C}}-H$$

1,2-二溴乙烷

这个反应的实质是乙烯分子里的两个键里的一个键断裂，两个溴原子分别加在两个不饱和的碳原子上，生成了二溴乙烷。**这种有机物分子里不饱和的碳原子跟其他原子或原子团直接结合生成新的物质的反应叫做加成反应。**

乙烯还能跟氢气、氯气、卤化氢以及水等在适宜的反应条件下起加成反应。

$$CH_2=CH_2+H_2 \xrightarrow[\triangle]{\text{催化剂}} CH_3—CH_3$$

$$CH_2=CH_2+HCl \longrightarrow \underset{\text{氯乙烷}}{CH_3CH_2Cl}$$

(3) 聚合反应　在适当温度、压强和有催化剂存在的情况下，乙烯双键里的一个键会断裂，分子里的碳原子能互相结合成为很长的链。

$$CH_2=CH_2+CH_2=CH_2+CH_2=CH_2+\cdots\cdots \longrightarrow$$
$$—CH_2—CH_2—+—CH_2—CH_2—+—CH_2—CH_2—+\cdots\cdots \longrightarrow$$
$$—CH_2—CH_2—CH_2—CH_2—CH_2—CH_2— \longrightarrow [CH_2—CH_2]_n$$

这个反应的化学方程式用下式来表示：

$$nCH_2=CH_2 \xrightarrow[\text{温度、压强}]{\text{催化剂}} [CH_2—CH_2]_n$$

反应的产物是聚乙烯，它是一种分子量很大（几万到几十万）的化合物，这样的反应属于聚合反应。在聚合反应里，分子量小的化合物（单体）分子互相结合成为分子量很大的化合物（高分子化合物）的分子。这种聚合反应也是加成反应，所以属于加成聚合反应，简称**加聚反应**。

3. 乙烯的制法

工业上所用的乙烯，主要是从石油炼制工厂和石油化工厂所生产的气体里分离出来的。实验室里是把酒精和浓硫酸混合加热，使酒精分解制得乙烯。浓硫酸在反应过程里起催化剂和脱水剂的作用。

$$CH_3CH_2OH \xrightarrow[170℃]{浓硫酸} CH_2 = CH_2\uparrow + H_2O$$

4. 乙烯的用途

从 20 世纪 60 年代以来，世界上乙烯的产量迅速增长。乙烯是石油化学工业最重要的基础原料，用于制造塑料、合成纤维、有机溶剂等。乙烯生产的发展带动了其他石油化工基础原料和产品的发展。

乙烯还是一种植物生长调节剂，乙烯还可以用来催熟水果。苹果、橘子、柿子、番茄等果实成熟前能产生极少量（百万分之几）乙烯，它们能被自身产生的乙烯催熟。为了避免水果在运输途中造成损失，常在未成熟时就摘下，运到目的地后，将其放在一个密闭的房间里，通入少量的乙烯气体，2～3 天后即被催熟。在农村人们常将未成熟的果实放在密闭的箱子或稻草堆里，使水果自身产的乙烯积聚起来，达到催熟的目的。

乙烯是气体，运输、使用都不方便。近年来，人工合成了一种液态的乙烯型植物激素——乙烯利（学名 2-氯乙基膦酸），它能被植物吸收，在植物体内水解后放出乙烯，起植物激素的作用。

二、烯烃

分子中含有碳碳双键（C═C）的不饱和链烃叫做烯烃。烯烃里除乙烯外还有丙烯（$CH_3—CH═CH_2$）、丁烯（$CH_3—CH_2—CH═CH_2$）等一系列化合物，它们在组成上也是相差一个或几个 CH_2 原子团，都是乙烯的同系物。

在烯烃分子中，由于碳原子之间形成 1 个 C═C，少结合 2 个氢原子，所以烯烃分子的通式为 C_nH_{2n}（$n\geqslant 2$）。

烯烃分子中因含有 C═C，性质比较活泼，易被氧化，易发生加成反应等。

烯烃的同分异构体比相应的烷烃多，原因是烯烃除了因碳链不同引起的异构外，还有因双键位置不同而引起的异构。

烯烃的系统命名与烷烃相似，只是把“烷”字改为“烯”字。由于双键是烯烃的特征，因此必须选择含双键的最长碳链作为主链，从靠近双键的一端开始给主链碳原子编号，并用阿拉伯数字标出双键的位置，例如：

$$\overset{4}{C}H_3—\overset{3}{C}H_2—\overset{2}{C}H═\overset{1}{C}H_2 \qquad 1\text{-丁烯}$$

$$CH_3—CH═CH—CH_3 \qquad 2\text{-丁烯}$$

$$\underset{\displaystyle CH_3}{CH_3\overset{|}{C}HCH{=\!=}CH{-}CH_3}\qquad \text{4-甲基-2-戊烯}$$

三、自然界中的烯烃

许多热带树木的叶子可以产生乙烯。乙烯可以加速树叶的死亡与脱落，所以树叶中乙烯的作用可能就是为使老叶脱落从而使新叶得以生长。乙烯还可以使摘下来的未成熟的果实加速成熟（催熟作用）。

自然界还存在许多结构较为复杂的烯烃，例如，天然橡胶，植物中的某些色素以及香精油中的某些组分等。

第四节　炔　烃

炔烃是一类以碳碳三键为主要官能团的烃。炔表示烃分子中所含的氢原子更加缺少的意思。

一、乙炔

最简单的炔烃是乙炔，分子式为 C_2H_2，结构式为 $H{-}C{\equiv}C{-}H$ 。根据实验测知，乙炔分子中两个碳原子和两个氢原子处在同一条直线上。

乙炔是最简单也是最重要的炔烃，它是一种非常重要的基本有机化工原料。目前，虽然有些产品已改用廉价的乙烯、丙烯等来制造，但仍有不少产品如乙醛、氯乙烯和乙酸乙烯酯等，以乙炔为原料生产比用乙烯具有方法和设备简单、技术成熟等优点。

1. 乙炔的物理性质

纯净的乙炔是无色无臭的气体，沸点－84℃，由电石法制得的乙炔常带有难闻的臭味并且有毒性，这是由于电石中含有少量的硫化钙、磷化钙和砷化钙等杂质所致。在工业生产中，上述杂质会使催化剂中毒，若将乙炔气体通过稀重铬酸或次氯酸钠等氧化剂溶液可将其除去。

乙炔在水中有一定的溶解度，在15.5℃时，每升水能溶解1.1L乙炔。乙炔在丙酮中的溶解度很大，在平常情况下，1体积丙酮能溶解25体积乙炔，在1.2MPa下则能溶解300体积乙炔。

乙炔和空气混合，点火则爆炸，爆炸极限为2.6%～80%（体积分数），比烷烃、烯烃的爆炸极限都宽。

在高压下乙炔容易爆炸，液态乙炔甚至稍受震动就会爆炸，而乙炔的丙酮溶液却很稳定。工业上为了安全地储存和运输乙炔，一般在1～1.2MPa下，将其压入盛有用饱和丙酮处理过的多孔性物质（如硅藻土、石棉、木屑）的钢瓶中。

2. 乙炔的化学性质

（1）氧化反应　乙炔燃烧时，发出明亮而带有浓烟的火焰。同时放出大量热量，如果在氧气中燃烧，温度可达3000℃以上。

$$2C_2H_2+5O_2 \xrightarrow{\text{点燃}} 4CO_2+2H_2O$$

乙炔容易被氧化。当乙炔与高锰酸钾等氧化剂反应时，其结果是碳碳三键完全断裂，同时使高锰酸钾溶液的紫色褪去。

（2）加成反应　作为不饱和烃的乙烯可以使溴水褪色，同样乙炔也可以使溴水褪色，但是需要更长的时间。

$$H-C\equiv C-H+Br-Br \longrightarrow H-\underset{}{\overset{Br}{\overset{|}{C}}}=\overset{Br}{\overset{|}{C}}-H$$

1,2-二溴乙烯

$$H-\overset{Br}{\overset{|}{C}}=\overset{Br}{\overset{|}{C}}-H+Br-Br \longrightarrow H-\underset{Br}{\underset{|}{\overset{Br}{\overset{|}{C}}}}-\underset{Br}{\underset{|}{\overset{Br}{\overset{|}{C}}}}-H$$

1,1,2,2-四溴乙烷

在一定条件下，乙炔还可以与氢气、卤化氢、水等试剂进行加成反应。

$$CH\equiv CH+HCl \xrightarrow[150\sim160℃]{HgCl_2} CH_2=\underset{Cl}{\underset{|}{CH}}$$

氯乙烯是制备聚氯乙烯的原料，聚氯乙烯是一种重要的合成树脂，用于制备塑料和合成纤维。

3. 乙炔的制法

（1）电石法　生石灰（氧化钙）和焦炭在电石炉2500℃的高温下反应，生成电石，将电石加水分解即得乙炔，因此乙炔又称电石气。

$$CaO+3C \xrightarrow[\text{电炉}]{2500℃} \underset{\text{碳化钙(电石)}}{CaC_2}+CO$$

$$CaC_2+2H_2O \longrightarrow Ca(OH)_2+C_2H_2\uparrow$$

电石法生产乙炔，方法古老，但技术比较成熟。缺点是耗电量大，每生产1t乙炔，约用电石1t，折合耗电量约10000度，因此成本很高。如有廉价的水电资源，此法仍有可取之处。电石法现已逐渐被石油裂解法所代替。

（2）烃类裂解法　甲烷在高温下裂解可制得乙炔。

$$2CH_4 \xrightarrow[0.1\sim0.6MPa]{2500℃} CH\equiv CH+3H_2$$

随着天然气和石油工业的发展，烃类裂解法是今后工业上生产乙炔的发展方向。

4. 乙炔的用途

乙炔在空气中燃烧时，具有明亮的火焰，电石灯可用来照明，若在氧气中燃烧，产生的氧炔焰温度可达3000℃，常用来焊接或切割金属。但乙炔最大的用途则是作为有机合成的基本原料。

二、炔烃

链烃分子里含碳碳三键（ C≡C ）的不饱和烃叫做炔烃。除乙炔外，还有丙炔、丁炔等。炔烃的通式为 C_nH_{2n-2} （$n\geqslant 2$）。

炔烃分子中因含有 C≡C ，性质比较活泼，易被氧化，易发生加成反应等。

*炔烃的系统命名法

炔烃的系统命名法和烯烃相似。只需将“烯”字改为“炔”字即可。炔烃的同分异构体与烯烃相似。例如：

$$CH_3—CH_2—C≡CH \qquad \text{1-丁炔}$$

$$CH_3—C≡C—CH_2—CH_3 \qquad \text{2-戊炔}$$

第五节 芳 香 烃

芳香烃，简称芳烃，主要是指分子中含有苯环结构的烃，它属芳香族化合物。在有机化学发展初期，化学家把有机化合物分为脂肪族和芳香族两大类。前者是指开链化合物；后者是一类从天然产物如树脂、香精油中提取得到具有芳香气味的物质，这类化合物碳氢比高，不饱和程度大，具有特殊的稳定性。当时它们的结构还不清楚，就根据气味把它称为芳香族化合物。随着有机化学的发展，人们发现许多具有芳香化合物特性的物质并没有香味，甚至还有恶臭，而一些脂肪族化合物如酯类，却有香味。所以按气味进行分类是不合适的。现在所说的芳香族化合物一般是指分子中含有苯环结构的化合物。“芳香”二字已失去原来的意义，但因沿用已久，至今未改。芳香烃最初是从天然的香树脂和香精油中提取得到的具有芳香气味的物质，是历史沿用的名词。随着科学的发展，人们发现芳香烃分子中都存在着苯的环状结构。所以，凡分子里含有1个或多个苯环的烃类叫做**芳香烃**，简称芳烃。苯环被看作是芳香烃的母体。

苯是最简单的芳香烃，是芳香烃的典型代表。

一、苯

1. 苯的结构

苯的分子式是 C_6H_6，从苯的分子式看，苯是远没有达到饱和的烃。因为苯的分子需要增加 8 个氢原子才符合饱和链烃的通式：C_nH_{2n+2}。德国化学家凯库勒最早提出苯的结构式可以这样表示：

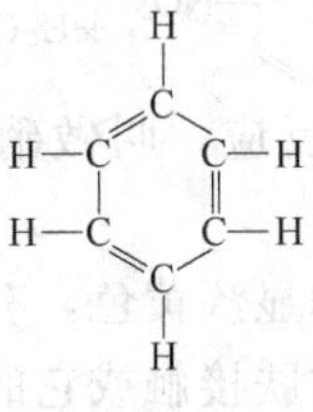

苯　　或简写为　　凯库勒式

从这样的结构式（又称凯库勒式）来推测，苯的化学性质应该显示出极不饱和的性质。但是实验表明，苯不能使 $KMnO_4$ 酸性溶液和溴水褪色，由此可知苯在化学性质上和烯烃有很大差别。这是为什么呢?

对苯分子的进一步研究表明，苯分子是不存在一般的碳碳双键的。苯分子里的 6 个碳原子之间的键完全相同，这是一种介于单键和双键之间的独特的键。苯分子里的 6 个碳原子和 6 个氢原子都在同一平面上。为了表示苯分子的结构的特点，常用 ⌬ 来表示苯分子。

直到现在，凯库勒式的表示方法仍被沿用，但在使用时绝不应认为苯是单键与双键交替组成的环状结构。

2. 苯的物理性质

苯是没有颜色、带有特殊气味的液体，比水轻，不溶于水。苯的沸点是 80.1℃，熔点是 5.5℃。

苯是一种很重要的化工原料，它广泛用来合成纤维、合成橡胶、塑料、农药、染料、香料等。苯是常用的有机溶剂。

3. 苯的化学性质

（1）苯的加成反应　苯不具有典型的双键所应有的加成反应性能，但在特殊情况下，它仍能够起加成反应。如有镍催化剂存在和在 180～250℃ 的条件下，苯可以跟氢起加成反应，生成环己烷。

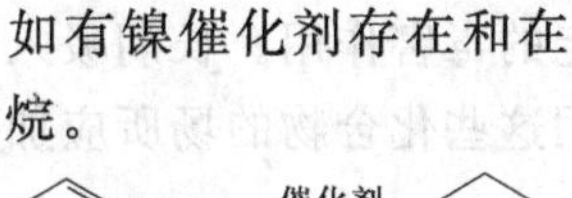

$$C_6H_6 + 3H_2 \xrightarrow[\triangle]{催化剂} C_6H_{12}$$

环己烷

（2）苯的取代反应

① 苯的卤化反应　苯分子里的氢原子能分别被别的原子或原子团所取代。如苯跟卤素在一定条件下，能发生取代反应。苯跟溴的取代反应可以用化学方程式表示如下：

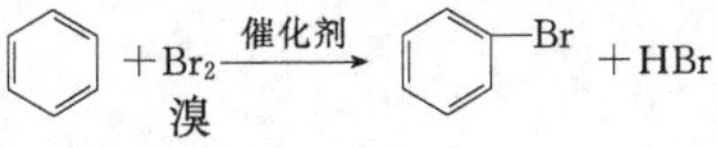

$$C_6H_6 + Br_2 \xrightarrow{催化剂} C_6H_5Br + HBr$$

溴

用铁屑作催化剂，苯也能跟其他卤素起取代反应。

② 苯的硝化反应　反应的化学方程式表示如下：

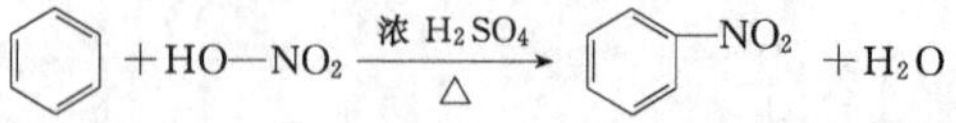

$$C_6H_6 + HO—NO_2 \xrightarrow[\triangle]{浓H_2SO_4} C_6H_5—NO_2 + H_2O$$

苯分子里的氢原子被—NO_2 所取代的这种反应，叫做硝化反应。硝酸分子里的—NO_2 原子团叫做硝基。

硝基苯是一种没有颜色的油状液体，不纯的显淡黄色，有苦杏仁味，密度大于水，难溶于水，易溶于乙醇和乙醚。硝基苯与皮肤接触或它的蒸气被人体吸入，都能引起中毒。

③ 苯的磺化反应　苯跟浓硫酸共热到70～80℃，就会起反应。在这个反应里，苯分子里的氢原子被硫酸分子里的磺酸基（—SO_3H）所取代而生成苯磺酸（C_6H_5—SO_3H），这种反应叫做磺化反应。

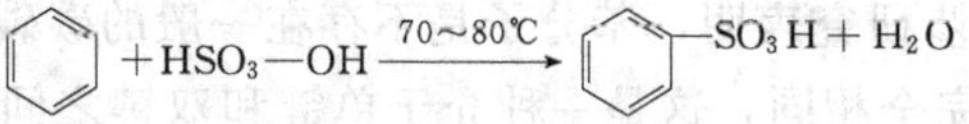

$$C_6H_6 + HSO_3—OH \xrightarrow{70\sim80℃} C_6H_5—SO_3H + H_2O$$

二、苯的同系物

常见的芳香烃除苯外还有甲苯及萘、蒽等。

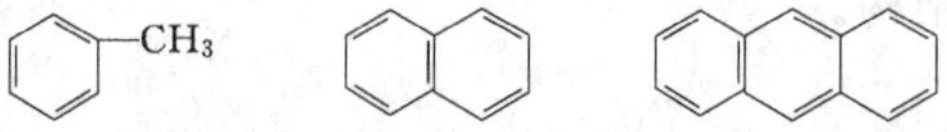

甲苯　　萘　　蒽

甲苯属于苯的同系物，苯的同系物的通式为 C_nH_{2n-6}（$n \geqslant 6$）。苯的同系物在性质上跟苯有许多相似之处，例如，它们都能发生苯环上的取代反应。由于苯环和侧链的相互影响，使苯的同系物也有一些化学性质跟苯不同。如甲苯能使酸性高锰酸钾溶液褪色，发生侧链氧化反应；甲苯可以和浓硝酸发生取代应生成 TNT 炸药。

苯及其同系物对人有一定的毒害作用。长期吸入它们的蒸气能损坏造血器官和神经系统。因此，储藏和使用这些化合物的场所应加强通风，操作人员应注意采取防护措施。

本 章 小 结

本章主要介绍的是对于有机化合物的初步认识。

一、有机化合物的性质特点

① 熔点、沸点低。

② 容易燃烧。

③ 难溶于水。

④ 反应较慢。

⑤ 反应复杂，常伴有副反应发生。

二、有机化合物的表示方法

表示分子中原子的种类和数目，并以短线代表共价键将其相连的式子叫做结构式。其简写形式叫结构简式。

三、烃类概述

<table>
<tr><th colspan="3">分 类</th><th>通 式</th><th>结构特点</th><th>化学性质</th><th>物理性质</th><th>命名方法</th><th>同分异构体</th></tr>
<tr><td rowspan="4">链烃或脂肪烃</td><td>饱和链烃</td><td>烷烃</td><td>C_nH_{2n+2}
($n\geqslant1$)</td><td>①含 C—C 键
②链烃</td><td>稳定，可发生取代、氧化、裂化等反应</td><td rowspan="3">变化规律：
一般随分子中碳原子数的增多熔沸点升高，液态时密度增大</td><td rowspan="3">①选主链
②编号码
③找支链
④注名称</td><td>碳链异构</td></tr>
<tr><td rowspan="2">不饱和链烃</td><td>烯烃</td><td>C_nH_{2n}
($n\geqslant2$)</td><td>①含一个 C═C 双键
②链烃</td><td>可发生加成、加聚、氧化等反应</td><td>碳链异构
位置异构
官能团异构</td></tr>
<tr><td>炔烃</td><td>C_nH_{2n-2}
($n\geqslant2$)</td><td>①含一个 C≡C 三键
②链烃</td><td>可发生加成、加聚、氧化等反应</td><td>碳链异构
位置异构
官能团异构</td></tr>
<tr><td>芳香烃</td><td>苯的同系物</td><td>C_nH_{2n-6}
($n\geqslant6$)</td><td>①含一个苯环
②侧链为烷烃基</td><td>可发生取代、加成、氧化等反应</td><td>简单的苯的同系物常温下为液态</td><td>由侧链名称及相对位置而命名</td><td>主要考虑侧链大小及相对位置产生的异构</td></tr>
</table>

四、同系物、同分异构体、同位素、同素异形体的比较

<table>
<tr><th>概 念</th><th>同 系 物</th><th>同分异构体</th><th>同素异形体</th><th>同 位 素</th></tr>
<tr><td>研究范围</td><td>化合物</td><td>化合物</td><td>单质</td><td>原子</td></tr>
<tr><td rowspan="2">限制条件</td><td>结构相似</td><td>分子式相同</td><td>同一元素</td><td>质子数相同</td></tr>
<tr><td>组成相差若干个 CH_2 原子团</td><td>结构不同</td><td>性质不同</td><td>中子数不同</td></tr>
</table>

五、书写同分异构体的方法和规律

① 判类别（确定官能团异构）。

② 写碳链（主链由长到短，支链由整到散，位置由中到边，连接不能到端）。

③ 变位置（变换不饱和键或官能团的位置）。

六、烃的分类与命名

1. 烃的分类

依据烃的分子结构特点，如碳链、碳环、碳键等。

2. 命名原则

① 选择一条碳原子数最多的碳链作主链（如两条碳链一样长，选支链多的碳链为主链）。

② 从距离支链近的一端编号。

③ 书写时支名前，母名后；支名同，要合并；支名异，简在前。

④ 要正确使用短线、逗号、专用名词等。

七、各类烃的代表物质的比较

代表物	分子结构	物理性质	化学性质	制　法
甲烷	正四面体	无色，无味气体，比空气轻，难溶于水	可发生卤代反应、氧化反应（燃烧）、高温分解等	无水醋酸钠和碱石灰共热（制氧气装置）
乙烯	平面型分子	无色稍有气味的气体，比空气略轻，难溶于水	能发生加成反应、加聚反应、氧化反应	无水乙醇和浓硫酸在170℃反应
乙炔	直线型分子	无色、无味气体，比空气轻，微溶于水	能发生加成反应、氧化反应等	碳化钙和水反应
苯	平面正六边形分子	无色特殊气味的液体，比水轻，不溶于水	能发生卤代、硝化、磺化等取代反应，以及氧化（燃烧）反应等	工业上从煤焦油或石油中提取

复　习　题

一、填空题

1. 分子中仅含______和______两种元素的有机化合物叫做碳氢化合物，又叫______。

2. 烷烃的通式为______，戊烷的分子式为______，含有26个氢原子的烷烃分子式为______。甲基的结构简式为______，乙基的结构简式为______。

3. 有机物具有相同的______，而具有不同结构的现象，叫做______现象。

4. 有机物中化学键的主要类型是______。

5. 乙烯的分子式为______，结构式为______。

6. 乙烯与高锰酸钾溶液的反应是______反应，与溴水的反应是______反应。

7. 甲烷与氯气的反应是______反应，乙烯与氯气的反应是______反应。

8. 烯烃的通式为______。

9. 炔烃的分子结构中含有______，炔烃的通式为______。

10. 将乙炔和甲烷分别通入到溴水中，能使红棕色褪去的是______，此反应的类型是______。

11. 填表

	结构式	结构特点	所属烃类的通式	实验室制法原理（写出方程式）	与溴反应		主要用途
					反应类型	反应产物	
甲烷							
乙烯							
乙炔							

12. 苯是一种______色、______气味的______体，______溶于水。苯属于______烃，苯的结构式是______。苯及苯的同系物的通式是______。

13. 分子中含______的烃叫芳香烃。

14. 苯分子具有______结构。

二、选择题

1. 下列关于乙烯和乙烷相比较的各种说法中，不正确的是（　　）。

A. 乙烯是不饱和烃，乙烷是饱和烃

B. 乙烯能使高锰酸钾溶液和溴水褪色，乙烷则不能

C. 乙烯比乙烷稳定

D. 乙烯分子为“平面型”，乙烷分子为立体结构

2. 既可以用来鉴别乙烯和甲烷，又可以用来除去甲烷中混有的乙烯的方法是（　　）。

A. 通入溴水中　　B. 与足量的溴反应

C. 点燃　　　　　D. 在催化剂存在的条件下与 H_2 反应

3. 在相同状况下，质量相同的乙烯和一氧化碳具有相同的（　　）。

A. 物质的量　　B. 原子个数　　C. 体积和密度　　D. 燃烧产物

4. 下列各反应中，可以证明烯烃具有不饱和结构的是（　　）。

A. 燃烧　　B. 取代反应　　C. 加成反应　　D. 加聚反应

5. 下列事实中，能说明苯与一般烯烃在性质上有很大差别的是（　　）。

A. 苯不跟溴水反应　　　　　　　　B. 苯不跟高锰酸钾溶液反应

C. 1mol 苯能与 3mol H_2 进行加成反应　　D. 苯是不饱和烃

6. 下列有机物中，完全燃烧后生成的 CO_2 和 H_2O 的物质的量比为 2∶1 的是（　　）。

A. 乙烷　　B. 乙烯　　C. 乙炔　　D. 苯

7. 苯与乙烯、乙炔相比较，下列叙述中正确的是（　　）。

A. 都易发生取代反应　B. 都易发生加成反应

C. 乙烯和乙炔易发生加成反应，苯只有在特殊条件下才发生加成反应

D. 乙烯和乙炔易被氧化剂氧化，苯不易被氧化

三、问答题

1. 什么是有机化合物？有机物分子结构中化学键的主要类型是什么？

2. 有机物在性质上具有哪些特点？

3. 结构式和分子式有哪些异同？

4. 什么叫取代反应？

5. 怎样鉴别装在不同容器中的甲烷和乙烯。

6. 举例说明不饱和链烃的化学通性。

7. 解释下列名词

(1) 加成反应　　　　(2) 聚合反应

8. 相同物质的量的乙烷、乙烯和乙炔完全燃烧后生成的二氧化碳和水的物质的量是不是相等？

9. 指出下列分子式各代表哪类直链烃

C_8H_{16}，C_9H_{16}，$C_{15}H_{32}$，$C_{17}H_{34}$，C_7H_{12}

10. 用什么方法区别苯和甲苯？

四、写出结构式并命名

1. 写出已烷的 5 种同分异构体的结构简式，并用系统命名法命名。

2. 写出相对分子质量是 56 的某链烃的各种同分异构体的结构式。

3. 某烃的分子式是 C_7H_8，它能使高锰酸钾酸性溶液褪色，能跟氢起加成反应。写出这种烃的结构式。

4. 写出下列烷烃的结构式和结构简式

(1) 2-甲基丁烷

(2) 2,3-二甲基戊烷

(3) 2,2,5-三甲基已烷

5. 用系统命名法命名下列化合物

(1) $$\begin{array}{ccccccccc} CH_3 & — & CH_2 & — & CH & — & CH_2 & — & CH_3 \\ & & & & | & & & & \\ & & & & CH_3 & & & & \end{array}$$

(2) $$\begin{array}{ccccccccc} & & & & & & CH_3 & & \\ & & & & & & | & & \\ CH_3 & — & CH & — & CH_2 & — & CH & — & CH_3 \\ & & | & & & & & & \\ & & CH_3 & & & & & & \end{array}$$

(3) $$\begin{array}{ccccccccccc} & & & & & & & & CH_3 & & \\ & & & & & & & & | & & \\ CH_3 & — & CH & — & CH_2 & — & CH & — & CH & — & CH_3 \\ & & | & & & & | & & & & \\ & & CH_3 & & & & CH_3 & & & & \end{array}$$

6. 下列各种化合物各属于哪一类链烃或芳香烃？写出它们的名称和结构式

$C_6H_5—CH_3$，C_6H_{14}，C_3H_6，C_2H_2，C_6H_6，C_2H_4

五、计算

1. 乙烯跟氯化氢加成可以生成氯乙烷（C_2H_5Cl），写出反应的化学方程式。按理论计算每吨乙烯能生产多少吨氯乙烷。

2. 在标准状况下，11.2L 乙炔跟溴起加成反应，所需溴的最大数量是多少克？

3. 含杂质的质量分数为 10% 的碳化钙 100g，在标准状况下可制得乙炔多少升？

第八章　烃的衍生物

前一章我们已经学习了烷烃、烯烃、炔烃、芳香烃，它们都属于最简单的有机化合物——烃。如果烃分子中的氢原子被其他原子或原子团取代，则可以得到一系列比较复杂的化合物，如上一章已提到的一氯甲烷（CH_3Cl）就是甲烷分子里的氢原子被氯原子所取代而生成的产物，硝基苯（$C_6H_5NO_2$）、苯磺酸（$C_6H_5SO_3H$）是苯分子中的氢原子分别被硝基和磺酸基取代而生成的产物等。这些化合物，从结构上讲，都可以看作是烃分子里的氢原子被其他原子或原子团取代而衍变成的，因此把这些化合物叫做烃的衍生物。

烃的衍生物种类很多，本章将分别以乙醇、苯酚、乙醛、乙酸等为代表物，着重介绍醇、酚、醛、羧酸等衍生物的一些性质和用途。

第一节　乙　醇

乙醇俗名酒精，是应用最广的一种醇，在初中化学里已经学过乙醇的一些性质，这里我们将进一步学习乙醇的化学性质。

在结构上，乙醇可以看作是乙烷分子里的一个氢原子被羟基（—OH）取代后的产物，其结构式为 $\begin{array}{c} \quad H \quad H \\ \quad | \quad\ | \\ H—C—C—OH \\ \quad | \quad\ | \\ \quad H \quad H \end{array}$，结构简式为 $CH_3—CH_2—OH$ 或 C_2H_5OH，官能团为—OH（羟基）。

一、乙醇的物理性质

纯净的乙醇是无色、透明、易挥发、具有特殊香味的液体，沸点为78.3℃，密度为0.8g/cm³，能按任意比与水混合。乙醇是常用的有机溶剂，能溶解多种无机物和有机物，如医疗用的碘酒就是碘的酒精溶液。再如，它还能溶解香精油和树脂等。

乙醇分子中的羟基对乙醇的化学性质有什么影响呢？

二、乙醇的化学性质

乙醇的化学性质主要由羟基官能团所决定，同时也受到烃基的一定影响。从化学键来看，C—O 键或 O—H 键都是极性键，这是醇易于发生反应的两个部位。因此根据乙醇的分子结构以及反应条件，乙醇发生的化学反应主要有两种：一种是羟基中氢原子被取代；另一种是整个羟基被取代或脱去。

1. 乙醇与金属钠的反应

［实验 8-1］ 取 1 支试管注入 2mL 无水乙醇，再放入一小块新切的、用滤纸擦干煤油的金属钠，观察现象。

乙醇能与金属钠反应，并放出气体。这是因为乙醇羟基中的氢原子被金属钠取代，生成乙醇钠，并放出氢气，此反应比水与钠的反应要缓和得多，这说明乙醇羟基中的氢原子不如水分子中的氢原子活泼。

$$2CH_3CH_2OH + 2Na \longrightarrow \underset{\text{乙醇钠}}{2CH_3CH_2ONa} + H_2\uparrow$$

2. 乙醇的氧化反应

乙醇燃烧时，产生浅蓝色的火焰，并放出大量的热，因此乙醇是常用的燃料。

$$C_2H_5OH + 3O_2 \xrightarrow{\text{点燃}} 2CO_2 + 3H_2O$$

乙醇蒸气在热的催化剂（如 Cu 或 Ag）存在下也能与氧气反应，氧化生成乙醛，这也是工业上制备乙醛的一种方法。

$$2C_2H_5OH + O_2 \xrightarrow[\triangle]{\text{Cu 或 Ag}} \underset{\text{乙醛}}{2CH_3CHO} + 2H_2O$$

检验汽车司机是否酒后开车的仪器，也是依据这个原理设计而成的。仪器里装有经过酸化处理的三氧化铬硅胶，若司机酒后开车，呼出的气体含有乙醇蒸气，通过仪器遇到三氧化铬就会被氧化成乙醛，同时黄色的三氧化铬被还原成绿色的硫酸铬，根据颜色的变化经过仪器检测处理报出数据，就可以判断司机是否违章驾驶了。

3. 脱水反应

乙醇与浓 H_2SO_4 共热发生脱水反应，根据反应温度的不同表现为两种脱水方式。

（1）分子内脱水（又叫消去反应）　当乙醇与浓 H_2SO_4 共热至 170℃时，主要发生分子内脱水，生成乙烯。

$$\begin{matrix} CH_2 - CH_2 \\ | \quad\quad | \\ H \quad\ OH \end{matrix} \xrightarrow[170℃]{\text{浓}H_2SO_4} CH_2{=}CH_2\uparrow + H_2O$$

像乙醇这种有机化合物在一定的条件下，从 1 个分子中脱去 1 个小分子（如水、卤化氢等分子），而生成不饱和（含双键或三键）化合物的反应叫做消去反应。

（2）分子间脱水　如果把乙醇与浓 H_2SO_4 共热反应的温度控制在 140℃，乙醇将发生分子间脱水，生成乙醚（mí）。

$$CH_3—CH_2—OH + H—O—C_2H_5 \xrightarrow[\triangle]{浓 H_2SO_4} C_2H_5—O—C_2H_5+H_2O$$

可见，相同的反应物在不同的反应条件下，可能生成不同的产物。因此，在化学反应中控制反应条件是很重要的。

像乙醚这种 2 个烃基通过 1 个氧原子连接起来的化合物叫做醚，其通式为 R—O—R′，R 和 R′都属于烃基，可以相同，也可以不同。

乙醚是无色、有特殊气味、易挥发、易燃烧的液体，沸点为 34.51℃；乙醚微溶于水，易溶于有机溶剂，本身能溶解苯、脂肪、涂料等多种有机物，是常用的有机溶剂。人和动物吸入一定量的乙醚蒸气，很快就会昏迷过去，早在 1850 年即被用作外科手术上的全身麻醉剂。乙醚的蒸气与空气混合到一定比例时，遇火就会引起猛烈爆炸，即使没有火焰，乙醚蒸气遇到热的金属（如铁丝网）也会着火，因此使用时要特别注意安全，尤其要避开明火。

三、乙醇的用途

乙醇是很重要的有机合成原料，如用乙醇可制造乙醛、乙醚、农药、纤维、塑料、合成橡胶等 300 多种产品；乙醇也大量用于燃料，如目前提倡使用的乙醇汽油；在食品工业，乙醇主要用来制造饮料（主要是酒类）、香料，也用来加工肉制品，如香肠；医疗上用含 70%～75%的乙醇作消毒剂。

四、乙醇的制法

工业上生产乙醇常用的是发酵法和乙烯水化法。

1. 发酵法

发酵法制备乙醇用的原料是含淀粉很丰富的各种谷物，如图 8-1 所示，它们在酵母中淀粉酶的作用下，先转变为麦芽糖，再在麦芽糖酶作用下，水解为葡萄糖（糖化阶段），最后经过酒化酶的作用变成乙醇和 CO_2（酒化阶段）。CO_2 是副产品。

谷物 → 淀粉 →(淀粉酶/水解) 麦芽糖 →(麦芽糖酶/水解) 葡萄糖 →(酒化酶) $C_2H_5OH + H_2O$

图 8-1　发酵法制取乙醇

2. 乙烯水化法

$$CH_2═CH_2+H—OH \xrightarrow[加热、加压]{浓 H_2SO_4} CH_3—CH_2—OH$$

酒精是指含 95.5%（体积分数）乙醇和 4.5%水分的恒沸点（78.15℃）混合物。用直接蒸馏的方法不能完全除去酒精中的水分，实验室中可经生石灰或离子交换树脂等处理脱去水后得“无水乙醇”（无水酒精），含 99.5%乙醇和 0.5%水分。

如果要继续除去其中0.5%的水，则可再加金属镁（用 I_2 作催化剂），利用生成的乙醇镁与最后一部分水作用，生成乙醇和 $Mg(OH)_2$，蒸馏后可得纯净乙醇。

五、醇类

醇是羟基与链烃基或苯环侧链上的碳结合而形成的一类有机化合物。

1. 甲醇

甲醇最早是用木材干馏得到的，因此又叫木醇。是一种无色易燃的液体，沸点为65℃，能与水、乙醇等互溶，其结构式为 CH_3OH。甲醇毒性很强，误饮后能使眼睛失明，甚至中毒致死。

甲醇是一种重要的有机合成原料，在工业上用来制备甲醛、氯仿，以及作为涂料的溶剂和甲基化剂等。

2. 丙三醇

丙三醇的结构式为 $\begin{array}{l} CH_2-OH \\ | \\ CH-OH \\ | \\ CH_2-OH \end{array}$，俗称甘油，是无色、黏稠、有甜味的液体，沸点为290℃，能与水或酒精混溶。甘油吸湿性很强，能吸收空气中的水分，至含20%水分后，即不再吸收。制革和烟草中加甘油，可使皮革不变硬，防止香烟过于干燥而折断。对便秘患者，常用甘油栓剂或50%的甘油水溶液灌肠，起润肠通便的作用。此外甘油还广泛用于合成树脂、食品、纺织、化妆品等工业。

3. 肌醇

肌醇又名环己六醇，为白色晶体，熔点为225℃。有甜味，能溶于水而不溶于乙醇、乙醚。肌醇以六磷酸酯的形式存在于植物界，它是某些动物和微生物生长所必需的物质。肌醇主要用于治疗肝硬化、肝炎、脂肪肿以及胆固醇过高等疾病。

4. 高级脂肪醇

分子中含12个碳以上的醇称为高级脂肪醇，如十二醇、十六醇、十八醇等，为无色、无味的蜡状固体，不溶于水。高级脂肪醇是精细化学工业的重要原料，主要用来制造表面活性剂、化妆品等。

第二节　苯　　酚

上一节我们所学习的醇从结构上看分两种情况，其一是羟基与烃基相连接，其二是羟基与芳香烃侧链上的碳原子相连，叫芳香醇，如苯甲醇（$C_6H_5-CH_2-OH$）。如果羟基与苯环直接相连，则得到另一类有机化合物，叫做酚。这样羟基既是醇的官能团，也是酚的官能团，为了区别起见，我们把链烃基上的羟基叫醇羟基，而把连在芳香环上的羟基叫酚羟基。苯分子里的一个氢原子被羟基取代而生成的酚，叫苯酚。其化学式为 C_6H_6O，结构式为

$$\text{C}_6\text{H}_5\text{—OH}$$

一、苯酚的物理性质

苯酚存在于煤焦油中，俗称石炭酸，纯净的苯酚是无色晶体，易受空气中氧的氧化而带有不同程度的黄色或红色，因此保存苯酚要密闭。苯酚熔点 43℃，沸点 182℃，常温时苯酚微溶于水，在热水中溶解度增大，当温度高于 70℃时能与水以任意比混溶。

苯酚易溶于乙醇、乙醚等有机溶剂。苯酚有腐蚀性，与皮肤接触能引起灼伤，不慎沾到皮肤上，应立即用酒精洗涤，苯酚有毒，能杀菌，具有特殊气味。

苯酚对人体和农作物也有伤害。酚进入饮用水和灌溉水，会影响农作物和水生生物的生长和生存，严重时，引起人和农作物中毒，国家规定饮用水挥发酚类含量不得超过 0.002mg/L，灌溉水中挥发苯酚类含量不得超过 1mg/L，因此，必须严格控制酚类物质的使用。

二、苯酚的化学性质

醇和酚都含有羟基，因此它们在 C—OH 键以及 O—H 键上能发生相似的反应，但在酚分子中由于酚羟基和苯环之间的相互影响，使苯酚表现出一些不同于醇，也不同于芳香烃的性质。

1. 苯酚的酸性

苯酚具有极弱的酸性，在水溶液中苯酚分子只能解离出极少量的 H^+，不能使指示剂变色，但苯酚能和强碱（如氢氧化钠）反应。

［实验 8-2］ 向一个盛有少量苯酚晶体的试管中加入 2mL 蒸馏水，振荡试管，有什么现象发生？再逐滴滴入 5%的 NaOH 溶液并振荡试管，观察试管中溶液的变化。

上述实验中，苯酚与水混合振荡后溶液变浑浊，这说明常温下苯酚在水中溶解度不大，即苯酚微溶于水。但当加入 NaOH 溶液后，溶液由浑浊变为澄清透明。这是由于苯酚与 NaOH 发生了反应，生成易溶于水的苯酚钠，因此溶液变澄清。苯酚与 NaOH 反应的化学方程式为：

$$\text{C}_6\text{H}_5\text{—OH} + \text{NaOH} \longrightarrow \text{C}_6\text{H}_5\text{—ONa} + H_2O$$

将 CO_2 通入苯酚钠溶液中，就会有苯酚游离出来使澄清溶液又变浑浊。说明苯酚的酸性比碳酸的酸性还要弱。

$$C_6H_5ONa + CO_2 + H_2O \longrightarrow C_6H_5OH + NaHCO_3$$

工业上可利用这种方法来提取酚类。如粗制的棉籽油中含有对生殖系统有毒害作用的棉籽酚，利用这个原理，可将棉籽酚除去，得到精制的棉籽油。

2. 苯环上的取代反应

由于受烃基的影响，苯酚比苯更易与卤素、硝酸、硫酸等发生苯环上的取代反应。如苯酚和溴水在常温下即可发生取代反应，生成 2,4,6-三溴苯酚的白色沉淀，反应方程式如下：

$$C_6H_5OH + 3Br_2 \longrightarrow C_6H_2Br_3OH\downarrow + 3HBr$$

2,4,6-三溴苯酚(白色)

根据此反应产生的白色沉淀以及反应的灵敏度，常用于苯酚的定性、定量分析。

3. 与 $FeCl_3$ 的显色反应

［**实验 8-3**］ 取 1 支试管，加入苯酚溶液，滴入几滴 $FeCl_3$ 溶液，振荡，观察溶液的颜色。

可以看到，苯酚遇到 $FeCl_3$ 溶液发生反应，而显紫色。利用此反应可定性检验苯酚的存在。

三、苯酚的用途

苯酚是一种重要的有机合成原料，用于制造酚醛塑料（俗称电木）、合成纤维（如锦纶）、炸药（如 2,4,6-三硝基苯酚）、染料、农药、医药（如阿司匹林）等。

粗制的苯酚可用于环境消毒，纯净的苯酚可制造洗洁剂和软膏，有杀菌和止痛效用。市售药皂即是掺入少量苯酚的肥皂。

第三节　乙醛和丙酮

第二节我们学习乙醇的化学性质时，曾经提到过乙醛，它是乙醇氧化后的产物。乙醛是由甲基（$—CH_3$）与醛基（—CHO）相连而构成的。因此，由烃基与醛基相连（甲醛除外）而构成的有机化合物叫做醛。醛的通式为 $R—\overset{\displaystyle O}{\overset{\|}{C}}—H$ 或

RCHO。醛基（—CHO）是醛类的官能团。

一、乙醛

（一）乙醛的结构

乙醛的化学式为 C_2H_4O，结构式为 $H-\underset{H}{\overset{H}{\underset{|}{\overset{|}{C}}}}-\overset{O}{\overset{\|}{C}}-H$，结构简式为 $CH_3-\overset{O}{\overset{\|}{C}}-H$ 或 CH_3CHO。官能团为醛基（—CHO）。

（二）乙醛的物理性质

乙醛是无色、具有刺激性气味的液体，密度为 0.78g/cm³，沸点是 20.8℃。乙醛易挥发，容易燃烧，能跟水、乙醇、氯仿等互溶。

（三）乙醛的化学性质

从乙醛的分子结构上看，乙醛是由甲基（$-CH_3$）与醛基（$-\overset{O}{\overset{\|}{C}}-H$）相连而构成的化合物。醛基比较活泼，对乙醛的化学性质起着决定作用。如乙醛的加成反应和氧化反应，都发生在醛基上。

1. 乙醛的加成反应

乙醛分子中存在着碳氧双键（即不饱和价键），也就决定了乙醛能发生加成反应。例如，使乙醛蒸气与氢气的混合气体通过热的镍催化剂时，就使乙醛和氢气发生加成反应，乙醛则被还原成乙醇。

$$CH_3-\overset{O}{\overset{\|}{C}}-H+H_2 \xrightarrow[\triangle]{\text{催化剂}} CH_3CH_2OH$$

在有机化学反应中，通常把有机化合物分子中加氢或失氧的反应叫做还原反应。所以乙醛与氢气的加成反应就属于还原反应。同时，把有机化合物分子中“得氧或失氢”的反应叫做氧化反应。乙醛不仅能发生还原反应，还能与氧化剂发生氧化反应。

2. 乙醛的氧化反应

（1）乙醛与强氧化剂的反应　乙醛在一定温度和催化剂作用下，能被空气中的氧气氧化成乙酸，反应方程式如下：

$$\underset{\text{乙醛}}{2CH_3-\overset{O}{\overset{\|}{C}}-H}+O_2 \xrightarrow[\triangle]{\text{催化剂}} \underset{\text{乙酸}}{2CH_3COOH}$$

乙醛不仅能被 O_2 氧化，还能够被其他强氧化剂氧化，如高锰酸钾、热硝酸等，氧化产物也是乙酸，反应方程式如下：

$$CH_3-\overset{\overset{\displaystyle O}{\|}}{C}-H \xrightarrow{[O]} CH_3-\overset{\overset{\displaystyle O}{\|}}{C}-OH$$

乙醛　　　　乙酸

(2) 乙醛与弱氧化剂反应　在托伦试剂或费林试剂的作用下，乙醛被氧化成乙酸。

[实验 8-4]　在洁净的试管里加入 1mL 2％的 $AgNO_3$ 溶液，然后一边摇动试管，一边逐滴滴入 2％的稀氨水，至最初产生的沉淀恰好溶解为止（这时得到的溶液叫银氨溶液，又叫托伦试剂），然后滴入 3 滴乙醛，振荡后，把试管放在 60℃的热水浴中加热。观察现象。

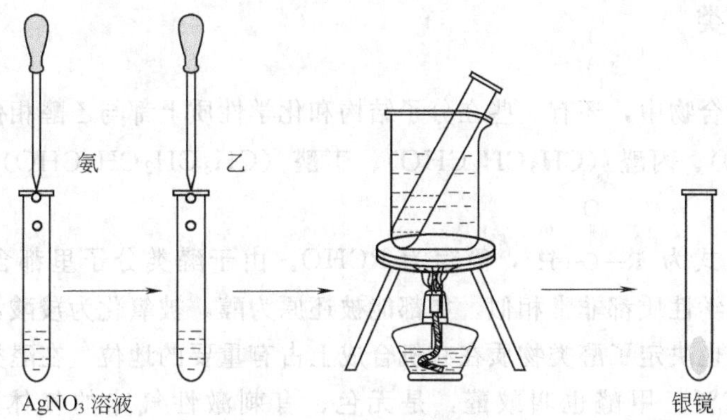

图 8-2　银镜反应

不久，可以观察到试管内壁上附着一层光亮如镜的金属银。

在这个反应里，硝酸银与氨水反应，生成银氨络合物，此时的溶液又叫银氨溶液，银氨溶液与乙醛作用，乙醛被氧化成乙酸，银氨络合物中的银离子被还原为金属银，附着在试管内壁上，形成银镜，因此，这个反应又叫银镜反应（见图 8-2）。

反应的化学方程式依次为：

$$Ag^+ + NH_3 \cdot H_2O = AgOH\downarrow + NH_4^+$$

$$AgOH + 2NH_3 \cdot H_2O = [Ag(NH_3)_2]^+ + OH^- + 2H_2O$$

$$CH_3CHO + 2[Ag(NH_3)_2]^+ + 2OH^- \xrightarrow[\triangle]{\text{水浴}} CH_3COO^- + NH_4^+ + Ag\downarrow + 3NH_3\uparrow + H_2O$$

银镜反应常用来检验醛基（—CHO）的存在。工业上也常利用该原理生产制造玻璃镜、保温瓶等。

乙醛也能被另一种弱氧化剂，即新制氢氧化铜（又叫做费林试剂）所氧化。

[实验 8-5]　取一支试管加入 10％的氢氧化钠溶液 2～3mL，滴入 2％的硫酸

铜溶液 5~8 滴，振荡后加入乙醛溶液约 0.5mL，加热至沸腾。观察试管发生的现象。

可以看到，试管内有砖红色沉淀产生。该砖红色沉淀是 Cu_2O，它是由反应中生成的 $Cu(OH)_2$ 被乙醛还原产生的，这个反应叫做费林反应。利用这一反应也可检验醛基的存在。

$$Cu^{+}+2OH^{-} = Cu(OH)_2\downarrow$$

$$CH_3CHO+2Cu(OH)_2 \xrightarrow{\triangle} CH_3COOH+Cu_2O\downarrow+2H_2O$$

(四) 乙醛的用途

乙醛是有机合成的重要原料，主要用来制取乙酸、丁醇、三氯乙醛等。

二、醛类

在有机化合物中，还有一些在分子结构和化学性质上都与乙醛相似的物质，如甲醛（HCHO）、丙醛（CH_3CH_2CHO）、丁醛（$CH_3CH_2CH_2CHO$）等。它们通称为醛类，通式为 $R-\overset{\overset{\large O}{\|}}{C}-H$，简写为 RCHO。由于醛类分子里都含有醛基，因此，它们的化学性质都非常相似。如都能被还原为醇，被氧化为羧酸，都能起银镜反应等。由此也决定了醛类物质在有机合成上占有重要的地位。在醛类中，甲醛的用途也非常广泛。甲醛也叫蚁醛，是无色、有刺激性气味的气体，易溶于水，35%～40%的甲醛溶液叫做福尔马林。甲醛具有杀菌和防腐能力，稀释的福尔马林溶液常用来浸制生物标本。甲醛也是化学工业上一种非常重要的原料，用来制造合成纤维、合成树脂、新型塑料以及医药制品等。特别是应用于合成高分子工业上，如用极纯的甲醛为原料，在催化剂（三正丁胺）作用下，得纯型的多聚甲醛，它是一种新型的塑料，具有较高的机械强度。此外，在酚醛树脂和脲醛树脂的合成中，也需要甲醛。

三、丙酮

丙酮的化学式为 C_3H_6O，结构式为 $H-\underset{\underset{\large H}{|}}{\overset{\overset{\large H}{|}}{C}}-\overset{\overset{\large O}{\|}}{C}-\underset{\underset{\large H}{|}}{\overset{\overset{\large H}{|}}{C}}-H$，结构简式为 $CH_3-\overset{\overset{\large O}{\|}}{C}-CH_3$ 或 CH_3COCH_3。和丙醛（$CH_3CH_2-\overset{\overset{\large O}{\|}}{C}-H$）互为同分异构体，是酮类中最重要的一种酮。

1. 丙酮的物理性质

丙酮是一种无色、有气味、易挥发、易燃烧的溶液，密度为 $0.7899g/cm^3$，能与水、甲醇、乙醇、乙醚等互溶。丙酮还能溶解脂肪、树脂和橡胶等，因此它也是一种常用的有机溶剂。

2. 丙酮的化学性质

丙酮和丙醛互为同分异构体，但却有不同的化学性质，如在同样条件下，丙酮不能发生银镜反应和费林反应。但是在一定条件下，丙酮也能发生一些其他反应。

(1) 还原反应　在催化剂镍的存在下，丙酮分子中羰基（$-\overset{O}{\overset{\|}{C}}-$）的碳氧双键能与氢原子加成而被还原，生成 2-丙醇，反应方程式如下：

$$\underset{\text{丙酮}}{CH_3-\overset{O}{\overset{\|}{C}}-CH_3} + H_2 \xrightarrow[\triangle]{\text{镍}} \underset{\text{2-丙醇}}{CH_3-\overset{OH}{\overset{|}{C}H}-CH_3}$$

(2) 氧化反应　丙酮不能与弱氧化剂反应，但能被强氧化剂（如高锰酸钾、热硝酸等）所氧化，生成甲酸和乙酸。

$$\underset{\text{丙酮}}{CH_3-\overset{O}{\overset{\|}{C}}-CH_3} \xrightarrow{[O]} \underset{\text{甲酸}}{HCOOH} + \underset{\text{乙酸}}{CH_3COOH}$$

3. 丙酮的用途及危害

丙酮是重要的化工原料，用来合成有机玻璃、环氧树脂、氯仿、聚异戊二烯橡胶等，是良好的溶剂，广泛应用于实验室和制造涂料、胶片、人造丝等方面。

丙酮对人或动物的中枢神经系统有抑制和麻醉作用，高浓度接触对个别人可能出现肝、肾和胰腺损害。丙酮对人体长期的损害表现为对眼的刺激症状，如流泪、畏光等；还可造成眩晕、灼热感、咽喉刺激、咳嗽等。

第四节　乙　　酸

乙酸是含有羧基的有机化合物，是一种重要的有机酸，它是食醋的主要成分，普通的食醋约含 5%左右的乙酸，因此乙酸又叫醋酸。

一、乙酸的结构和性质

1. 乙酸的结构

乙酸的分子式为 $C_2H_4O_2$，结构式是 $CH_3-\overset{O}{\overset{\|}{C}}-OH$，结构简式为 CH_3COOH。

乙酸从结构上可以看作是甲基和羧基 $-\overset{\overset{\displaystyle O}{\|}}{C}-OH$ （或—COOH）相连而构成的化合物，乙酸的化学性质主要由羧基决定。所以羧基（—COOH）是乙酸的官能团。

2. 乙酸的物理性质

乙酸是一种无色、有刺激性酸味的液体，沸点是117.9℃，熔点是16.6℃。当温度低于16.6℃时，就会凝结成冰状的晶体，所以，无水乙酸又称冰醋酸。乙酸易溶于水、乙醇和乙醚等有机物。

3. 乙酸的化学性质

乙酸分子结构中的 $-\overset{\overset{\displaystyle O}{\|}}{C}-OH$ 是由羰基 $-\overset{\overset{\displaystyle O}{\|}}{C}-$ 和羟基—OH 直接相连而成的，这两个官能团相互影响，使乙酸表现出特殊的性质。

（1）乙酸的酸性　乙酸在其水溶液里能部分电离，产生氢离子（H^+）。

$$CH_3COOH \rightleftharpoons CH_3COO^- + H^+$$

所以乙酸是一种弱酸，具有酸的通性，能使紫色石蕊试液变红，能与碱反应生成盐和水。乙酸的酸性比碳酸强。

［实验 8-6］　向盛有少量 Na_2CO_3 粉末的试管里，加入约 2～3mL 乙酸溶液，观察有什么现象发生。

通过上面的实验可以看到试管里有气泡产生，这是二氧化碳气体。这说明乙酸的酸性强于碳酸，是一种比碳酸酸性强的弱酸。

$$2CH_3COOH + Na_2CO_3 = 2CH_3COONa + H_2O + CO_2\uparrow$$

（2）与乙醇发生酯化反应　在有浓硫酸存在并加热的条件下，乙酸能够与乙醇发生反应，生成乙酸乙酯（$CH_3COOC_2CH_5$）。

［实验 8-7］　在 1 支试管中加入 3mL 乙醇，然后边摇动试管边慢慢加入 2mL 浓硫酸和 2mL 冰醋酸。如图 8-3 所示，连接好装置。用酒精灯小心地加热 3～5min，产生的蒸气经导管通入到饱和碳酸钠溶液的液面上。观察碳酸钠溶液液面的变化。

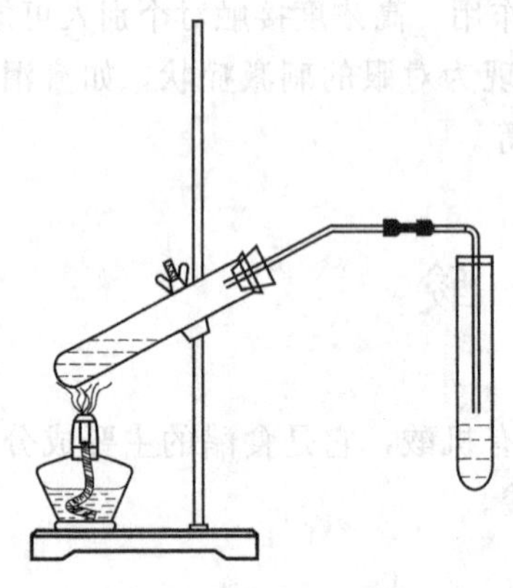

图 8-3　酯化反应的发生

结果发现在碳酸钠溶液液面上，有透明的油状液体产生，并可闻到香味。

这种有香味的无色、透明油状液体，就是乙酸乙酯。反应的化学方程式可表示如下：

$$CH_3COOH + C_2H_5OH \underset{\triangle}{\overset{H_2SO_4}{\rightleftharpoons}} CH_3COOC_2H_5 + H_2O$$

这种酸和醇起作用，生成酯和水的反应叫酯化反应。浓硫酸在反应过程中起催化和吸水作用。

如果用含氧的同位素^{18}O的乙醇与乙酸作用，可以发现所生成的乙酸乙酯分子里含有^{18}O原子。

$$\underset{\text{乙酸}}{CH_3-\overset{\overset{\displaystyle O}{\|}}{C}-OH}\;+\;\underset{\text{乙醇}}{H-{}^{18}O-C_2H_5}\;\underset{\triangle}{\overset{H_2SO_4}{\rightleftharpoons}}\;\underset{\text{乙酸乙酯}}{CH_3-\overset{\overset{\displaystyle O}{\|}}{C}-{}^{18}O-CH_2-CH_3}+H_2O$$

这说明，酯化反应的一般过程是羧酸分子里的羟基与醇分子中的氢原子结合成水，其余部分互相结合成酯。酯化反应中的酸可以是有机酸，也可以是无机含氧酸，如硝酸、硫酸等。

二、乙酸的制法

很早人们就知道用发酵法来制取酒、醋，乙酸是人类使用最早的有机酸。用含糖类物质先发酵制得乙醇，乙醇经过发酵再被氧化成乙醛，乙醛进一步被氧化成乙酸。

$$CH_3CH_2OH+[O]\xrightarrow[\text{空气}]{\text{酵母菌}}CH_3COOH$$

工业乙酸大量用合成法制备，由乙烯氧化合成乙醛，乙醛在催化剂（醋酸锰）催化下，和氧气发生反应生成乙酸。

$$2CH_3CHO+O_2\xrightarrow[60\sim70℃,\,0.2\sim0.3MPa]{Mn(Ac)_2}2CH_3COOH$$

另外，由甲醇和一氧化碳在常压下制取乙酸已获成功。甲醇可由一氧化碳和氢气制得，这就意味着可用一氧化碳和氢气作为原料生产乙酸了。

三、乙酸的用途

乙酸是一种重要的有机化工原料，可以合成许多有机物，例如，醋酸纤维、醋酐、喷漆溶剂、香料、染料、医药、农药等，在食品工业上，乙酸是重要的调味剂。

四、羧酸

像乙酸这样，分子里烃基直接与羧基相连的有机化合物还有很多，这样的有机酸统称为羧酸。它们都具有相同的官能团羧基（—COOH），所以它们具有与乙酸相似的化学性质，如都能与碱反应，都能发生酯化反应等。根据与羧基相连的烃基的不同，羧酸可分为脂肪酸（如乙酸）和芳香酸（如苯甲酸 C_6H_5COOH）；根据羧酸分子中羧基的数目不同，羧酸又可以分为一元羧酸、二元羧酸（如乙二酸 HOOC—COOH）等。

一元羧酸的通式为 R—COOH。在一元羧酸里，酸分子中的烃基含有较多碳原子的叫高级脂肪酸（如硬脂酸 $C_{17}H_{35}COOH$、油酸 $C_{17}H_{33}COOH$）。其中硬脂酸属于饱和高级脂肪酸，油酸为不饱和高级脂肪酸，主要存在于动植物的脂肪里。

第五节　酯

上一节我们已经学习过酸与醇脱水生成酯的反应，叫酯化反应，如乙酸与乙醇在浓 H_2SO_4 作用下能生成乙酸乙酯，丙酸与乙醇在浓 H_2SO_4 作用下反应可生成丙酸乙酯等。由此可知，酯的通式为 RCOOR′。其中 R 和 R′可以相同，也可以不同。酯类化合物的命名就是根据参加反应的酸和醇的名称命名的。如 $CH_3COOC_2H_5$ 叫乙酸乙酯。

1. 酯的化学性质

酯的主要化学性质是水解反应，即在无机酸或碱存在下，酯发生水解并生成酸和醇。

［**实验 8-8**］ 在 3 支试管里各加入 6 滴乙酸乙酯。向第一支试管里加蒸馏水 5.5mL；向第二支试管里加稀 H_2SO_4（1∶5）0.5mL、蒸馏水 5mL；向第三支试管里加入 30%的氢氧化钠溶液 0.5mL、蒸馏水 5mL。振荡均匀后，把 3 支试管放入 70～80℃的水浴里加热。几分钟后，第三支试管里乙酸乙酯的气味消失了；第二支试管里还有一点乙酸乙酯的气味；第一支试管里乙酸乙酯的气味没有多大变化。

实验说明，在酸（或碱）存在的条件下，乙酸乙酯水解生成了乙酸和乙醇。从上述两个实验可知，乙酸乙酯的水解反应是一个可逆反应。

$$CH_3COOC_2H_5 + H_2O \xrightleftharpoons{\text{无机酸}} CH_3COOH + C_2H_5OH$$

当有碱存在时，碱跟水解生成的酸发生中和反应，可使水解趋于完全。

$$RCOOR' + NaOH \longrightarrow RCOONa + R'OH$$

工业上利用油脂和烧碱反应生产肥皂，就是基于这一原理。肥皂的主要成分是高级脂肪酸钠。

2. 酯的物理性质及用途

酯广泛存在于自然界，低级酯具有芳香气味，存在于植物的花果中。油脂是高级脂肪酸甘油酯，是生命不可缺少的物质，主要存在于动物体内和油料作物的果实里。酯类物质是一个庞大的家族，广泛用于工农业生产的各个领域，在食品工业中，几乎所有的产品都离不开酯，人类生命活动需要的能量，大部分来源于酯类物质。酯在水中的溶解度较小，但能溶于一般的有机溶剂。挥发的酯具有芳香气味，许多花果的香味就是由酯所引起的，食品和化妆品中使用的霜膏香料就是多种挥发性酯的混合物。

本章小结

烃分子中的氢原子被其他原子或原子团代替而生成的一系列新物质，叫做烃的衍生物。本章介绍了烃的一些重要衍生物的结构、性质、用途及鉴别方法。

一、烃的衍生物的重要类别和主要化学性质的对比

类别	通　式	官能团	代表物质	主要化学性质	鉴别方法
醇	R—OH	—OH 醇羟基	乙醇 C_2H_5OH	1. 与金属钠反应，生成乙醇钠和氢气 2. 氧化反应：在空气中燃烧生成 CO_2 和 H_2O，被氧化剂氧化成乙醛 3. 脱水反应：170℃时发生分子内脱水，生成乙烯 4. 酯化反应：与酸反应生成酯	无水醇与金属钠反应，缓缓放出 H_2
酚		—OH 酚羟基	苯酚 （苯环）—OH	1. 弱酸性：与 NaOH 溶液反应，生成苯酚钠和水 2. 取代反应：与浓溴水反应生成 2,4,6-三溴苯酚钠白色沉淀 3. 显色反应：与 $FeCl_3$ 反应生成紫色物质	1. 与溴水反应，生成白色沉淀 2. 与 $FeCl_3$ 溶液反应，显示紫色
醛	R—C(=O)—H	—C(=O)—H 醛基	乙醛 CH_3—C(=O)—H	1. 加成反应：用 Ni 作催化剂，与氢加成，生成乙醇 2. 氧化反应：能被弱氧化剂氧化成羧酸（如银镜反应、还原氢氧化铜）	1. 银镜反应 2. 费林反应
酮	R—C(=O)—R′	—C(=O)— 酮基	丙酮 CH_3—C(=O)—CH_3	1. 与 H_2 发生还原反应 2. 与强氧化剂反应	1. 不发生银镜反应 2. 不发生费林反应
羧酸	R—C(=O)—OH	—C(=O)—OH 羧基	乙酸 CH_3—C(=O)—OH	1. 具有酸的通性 2. 酯化反应：与醇反应生成酯	1. 使紫色石蕊变红 2. 与 NaOH 反应，放出 CO_2
酯	R—C(=O)—OR′ R 与 R′可以相同也可不同	—C(=O)—O 酯键	乙酸乙酯 $CH_3COOC_2CH_5$	在无机酸和碱的存在下发生水解反应，酯的水解反应是相应醇和酸酯化反应的逆反应	

二、烃的衍生物之间的转化关系

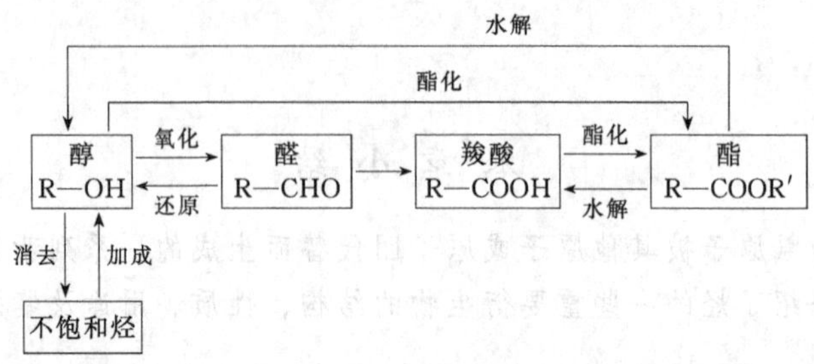

三、归纳有机反应的主要类型，并填写下表

反应类型	定　义	举例(反应的化学方程式)

复　习　题

一、填空题

1. 乙醇的化学式为________，结构简式为________，其官能团名称为________，结构式为________。饱和一元醇的通式为________。

2. 实验室制备乙烯所用的原料是浓 H_2SO_4 和________，发生反应的化学议程式为________________。其中浓 H_2SO_4 起________和________的作用。制备乙烯时，若得不到或只有少量的乙烯，其原因是________________。

3. 乙醇发生的分子内脱水反应又叫________，其反应温度为________℃，生成物为________。乙醇发生分子间脱水的反应温度为________℃，生成物为________，其结构简式为________。

4. 苯酚俗名叫________，纯净的苯酚是________晶体，常温下苯酚________溶于水，若加热至65℃以上，液体变得________，冷却后又________。

5. 盛放过苯酚的试管可用________进行清洗。

6. 苯酚遇到溴水发生____________反应，生成____________色沉淀。遇到 $FeCl_3$ 溶液，显________色。

7. 在苯酚溶液中加入氢氧化钠溶液后溶液________，原因是________，此时若通入 CO_2 后，则溶液________，原因是________。

8. 醛类的官能团为________，乙醛的结构简式为________，丙酮的官能团是________，结构式为________。

9. 醛分子中的________键能与 H_2 发生________，该反应又属于________反应，反应的产物为________。工业上利用乙醛的________反应，制取乙酸。

10. 乙醇蒸气在热的催化剂（Cu或 Ag）存在下，被氧化生成________，此物质遇到托伦试剂产生的现象为________。

11. 在硫酸铜溶液中加入适量氢氧化钠溶液后，再滴入适量福尔马林，加热。可观察到的现象依次为______________、______________；反应的化学方程式是____________________、____________________。此反应可用于检验__________基的存在。

12. 乙酸俗名为________，分子结构式为________，其中________叫做________基，是由________基和________基直接相连而成的。

13. 乙酸分子中的________和乙醇羟基中的________结合成水脱去，生成了酯。其反应的化学方程式为____________________________。该反应中加入浓 H_2SO_4 的作用是________和________。

14. 填写下列官能团、原子团以及有机物的结构简式：

羧基________甲酸根________乙酸根________

乙二酸________苯甲酸________油酸________

15. 烹饪鱼肉时，加入醋和酒的目的是使乙酸和乙醇反应，生成具有香味的物质，这种物质是________，结构式为________。

16. 在酯化反应中，浓 H_2SO_4 主要起________作用。

17. 羧酸的________反应的逆反应是________的水解反应。在无机酸存在下，该水解反应的产物为______________；在碱存在下，该水解反应的产物为____________。酸存在下水解反应的程度________，碱存在下水解反应的程度____________，这是因为________。

18. 许多鲜花和果实能散发的香味是由于有________的存在。

二、选择题

1. 某饱和一元醇 1.15g，与足量的金属钠完全反应，产生 H_2 为 280mL（标准状况下），该醇是（　　）。

A. C_3H_7OH B. CH_3OH C. C_2H_5OH D. C_4H_9OH

2. 乙醇在（ ）条件下氧化得到乙醛。

A. 点燃 B. 浓 H_2SO_4 C. 140℃ D. 加热并有Cu作催化剂

3. 下列化学反应中，属于消去反应的是（ ）。

A. 苯与浓 H_2SO_4、浓硝酸混合，温度保持在50～60℃

B. 乙醇与浓 H_2SO_4 共热至170℃

C. 甲烷在光照条件下与 Cl_2 反应

D. 乙醇在Cu或Ag作用下加热被空气氧化的反应。

4. 乙醇分子内脱水的反应是（ ）。

A. 加聚反应 B. 取代反应 C. 加成反应 D. 消去反应

5. 下列物质不属于醇类的是（ ）。

A. C_3H_7OH B. $C_6H_5CH_2OH$ C. C_6H_5OH D. $H_2C(OH)—CH_2—CH_2(OH)$

6. 下列有机物中，能与 $FeCl_3$ 发生显色反应的是（ ）。

A. 乙醇 B. 苯酚 C. 乙醚 D. 苯

7. 下列溶液中，通入 CO_2 后，能使溶液变浑浊的是（ ）。

A. 苯酚钠溶液 B. 氢氧化钠溶液 C. 醋酸钠溶液 D. 氯化钠溶液

8. 下列物质中，在通常状况下不能与溴水反应的是（ ）。

A. 氢氧化钠 B. 苯酚 C. 乙烯 D. 甲烷

9. 下列各组混合物中，可以用分液漏斗分离的是（ ）。

A. 溴乙烷和水 B. 苯酚和乙醇 C. 酒精和水 D. 乙醛和苯

10. 下列试剂中，可用来清洗做过银镜反应的试管的试剂是（ ）。

A. 盐酸 B. 硝酸 C. 烧碱溶液 D. 蒸馏水

11. 下列有机物中，既能被 $KMnO_4$ 氧化，又能被托伦试剂氧化的是（ ）。

A. 乙醛 B. 甲烷 C. 丙酮 D. 苯

12. 下列叙述正确的是（ ）。

A. 醛的官能团可写成—COH

B. 费林试剂能通过将固体 $Cu(OH)_2$ 溶于水制得

C. 醛的官能团可写成—CHO

D. 丙酮不能作溶剂

13. 丙酮不能被费林试剂氧化说明了（ ）。

A. 丙酮不能被氧化 B. 费林试剂中不含NaOH

C. 丙酮分子中没有羟基 D. 费林试剂是弱氧化剂

14. 下列物质中，能与金属钠反应并能使紫色石蕊试液变红的是（ ）。

A. 乙醇 B. 乙醛 C. 乙酸 D. 乙酸乙酯

15. 下列物质中，能与碳酸钠反应生成二氧化碳气体的是（ ）。

A. 乙酸　　B. 苯酚　　C. 丙酮　D. 乙醚

16. 下列说法正确的是（　　）。

A. 羧酸在常温下都呈液态　　B. 碳酸属于羧酸类化合物

C. 羧酸的官能团为 $-\overset{\overset{\large O}{\|}}{C}-OH$

D. 只有链烃基与羧基直接相连的化合物叫羧酸

17. 下列物质中，不属于羧酸类有机物的是（　　）。

A. 己二酸　　B. 苯甲酸　　C. 硬脂酸　　D. 碳酸

18. 下列说法错误的是（　　）。

A. 碳酸不属于羧酸

B. 碱可使乙酸乙酯的水解程度加大

C. 只有链烃基与羧基直接相连的化合物才叫羧酸

D. 陈年老酒中除含有乙醇外，还含有酯

19. 乙酸乙酯在 KOH 溶液催化下水解，得到的产物是（　　）。

A. 乙酸钾　　B. 甲醇　　C. 乙醇　　D. 乙酸

20. 某中性有机物，在酸性条件下可以发生水解反应，生成分子量相同的 A 和 B。A 是中性物质，B 可以与碳酸钠反应放出气体，该有机物是（　　）。

A. $CH_3COOC_3H_7$　B. $CH_3COOC_2H_5$　C. CH_3COONa　D. CH_3CH_2Br

三、写出下列方程式

1. 写出由乙醇生成乙烯、乙醛、乙醚的化学方程式。

2. $CH_2=CH_2 \longrightarrow CH_3-CH_2-OH \rightleftharpoons CH_3-CHO \longrightarrow CH_3-\overset{\overset{\large O}{\|}}{C}-OH$

3. 写出乙酸与下列物质反应的化学方程式：

(1) 生石灰　　(2) 苛性钠溶液　　(3) 氧化锌　　(4) 丙醇

四、用化学方法鉴别下列各组物质

(1) 乙醛和丙酮

(2) 甲苯和苯

五、判断下列叙述是否正确，如有错误请改正

1. 分子内含有苯环和羟基的有机物一定是酚

2. 苯酚和乙醇都具有杀菌作用

3. 苯酚的酸性不足以使指示剂变色，因此不能和 NaOH 反应

4. 苯酚易被空气氧化，因此要密封保存

六、计算

1. 0.60g 某饱和一元醇 A，与足量的金属钠反应，生成的 H_2 为 112mL（标准状况下），求该一元醇的化学式。

2. 用 10.6g 的 $NaCO_3$ 与足量的乙酸反应，问生成的 CO_2 在标准状况下的体积是多少？

3. 某饱和一元醇和相应的脂肪酸形成的酯 2.2g 燃烧后得到 1.8g 水及 2.24L 二氧化碳（标准状况下），试求它的分子式。

第九章　糖类、油脂、蛋白质

“民以食为天”，人和动物为了健康生存，除了需要阳光和空气之外，还需要不断地进食食物维持生命活动的正常进行。通过分析得知，食物中的主要成分为糖类、油脂、蛋白质、维生素、无机盐和水，其中糖类、油脂和蛋白质是生物体进行生命活动所需能量的主要来源，被人们称为三大基础营养物质，广泛存在于动植物体内（见表 9-1）。在本节中我们将介绍这三类物质的基础知识。

表 9-1　人体内主要物质含量

物质名称	占人体的质量分数/%	物质名称	占人体的质量分数/%
蛋白质	0.15～0.18	无机盐	0.03～0.04
脂肪	0.10～0.15	水	0.55～0.67
糖类	0.01～0.02	其他	0.01

第一节　糖　类

糖类是绿色植物光合作用的产物，是自然界中存在最多的一类有机化合物，在植物体中的含量可达干重的 80%，大多数生物体维持生命活动所需要的能量主要来源于糖类，根据我国居民的饮食结构，人们每天摄取的热能中大约有 75% 来自糖类。

一、糖类的组成

糖类是由 C、H、O 这 3 种元素组成的一类有机化合物，相对分子质量是由 180 到 1×10^6 以上，其中大多数分子中氢原子和氧原子之比与水中氢原子与氧原子个数之比相同，都是 2∶1，符合通式 $C_n(H_2O)_m$（n 与 m 可以相同，也可以不相同），所以从前曾把糖类叫做碳水化合物。随着化学科学的发展，发现有些糖类的分子中氢原子与氧原子个数的比值并不都是 2∶1，也并不以水分子的形式存在，如鼠李糖类的分子组成是 $C_6H_{12}O_5$；而有些符合 $C_n(H_2O)_m$ 通式的物质也不是糖类物质，如甲醛（CH_2O_2）、乙酸（$C_2H_4O_2$）等。所以碳水化合物这个名称虽然沿用已久，但已失去原来的意义。根据糖类化合物的分子结构以及它们水解后产物的特点，把糖类化合物定义为：多羟基醛或多羟基酮的一类有机化合物。

二、糖的分类

糖类根据其能否水解以及水解产物的多少，可以分为单糖、二糖和多糖等几类。

1. 单糖

单糖是指不能被水解的糖类，是最简单的糖，如葡萄糖、果糖、核糖等。

2. 二糖

二糖是指每摩尔糖水解后能产生两摩尔单糖的糖类，如麦芽糖、蔗糖等。

3. 多糖

多糖是指每摩尔糖水解后能产生许多摩尔单糖的糖类，如淀粉、纤维素等。

三、几种重要的糖

（一）葡萄糖

葡萄糖是自然界中分布最广的单糖。葡萄糖存在于葡萄和其他带甜味的水果里。蜂蜜里也含有葡萄糖。淀粉等食用糖类在人体中能转化为葡萄糖而被吸收。正常人的血液里约含 0.1％的葡萄糖，叫做血糖。

葡萄糖的分子式是 $C_6H_{12}O_6$，它是白色晶体，有甜味，能溶于水。

［实验 9-1］ 在洁净的试管里配制 2mL 银氨溶液，加入 1mL 10％的葡萄糖溶液，振荡，然后在 60℃左右的水浴里加热 3～5min，观察现象。

［实验 9-2］ 在试管里加入 2mL 10％NaOH 溶液，滴加 5％ $CuSO_4$ 溶液 5 滴，再加入 2mL 10％的葡萄糖溶液，加热至沸腾，观察现象。

从实验 9-1 可以看到有银镜生成。从实验 9-2 可以看到有红色沉淀 Cu_2O 生成。实验证明，葡萄糖跟醛类一样具有还原性，能发生银镜反应，也能被新制的 $Cu(OH)_2$ 氧化。它的结构简式为：CH_2OH—CHOH—CHOH—CHOH—CHOH—CHO，它是一种多羟基醛。

葡萄糖是一种重要的营养物质。它在人体组织中进行氧化反应，放出热量，以维持人体生命活动所需要的能量，它可以经过消化过程而直接为人体所吸收。

$$C_6H_{12}O_6(s)+6O_2(g)\longrightarrow 6CO_2(g)+6H_2O(l)$$

1mol 葡萄糖完全被氧化，放出约 2804kJ 的热量。

葡萄糖在食品工业中主要用于制造糖果，生产饮料，也用于医药及制镜工业。

（二）蔗糖和麦芽糖

蔗糖和麦芽糖都是主要的二糖，广泛存在于植物体内，分子式都是 $C_{12}H_{22}O_{11}$，但由于分子构成不一样，故有不同的性质。

1. 蔗糖

蔗糖为无色晶体，易溶于水，有较强的甜味。1 分子蔗糖水解后生成 1 分子的葡萄糖和 1 分子的果糖。蔗糖在甘蔗和甜菜中含量较高，日常生活中所食用的白糖、冰糖的主要成分都是蔗糖。蔗糖是食品工业的主要甜味剂，广泛用于制造饮料、糖果及面食类产品。

［实验 9-3］ 在 2 支洁净的试管里各加入 20％的蔗糖溶液 1mL，并在其中 1 支试管里加入 3 滴稀硫酸（1：5）。把 2 支试管都放在水浴中加热 5min。然后向已加入稀硫酸的试管中滴加 NaOH 溶液，至溶液呈碱性。最后再向 2 支试管里各加入 2mL 新制银氨溶液，在水浴中加热 3～5min，观察现象。

用新制 $Cu(OH)_2$ 代替银氨溶液做上述实验。观察现象。

从实验中可以看到，蔗糖不发生银镜反应，也不能还原新制的 $Cu(OH)_2$。这说明它的分子结构中不含有醛基，因此不显还原性。在硫酸的催化作用下，蔗糖发生水解反应，生成葡萄糖和果糖：

$$C_{12}H_{22}O_{11} + H_2O \xrightarrow{\text{催化剂}} C_6H_{12}O_6 + C_6H_{12}O_6$$

因此蔗糖水解后能发生银镜反应，也能还原新制的 $Cu(OH)_2$。

2. 麦芽糖

纯净的麦芽糖是白色晶体（常用的麦芽糖是糖膏），易溶于水，有甜味但比蔗糖弱。麦芽糖大量存在于大麦、荞麦和马铃薯的芽中，也是重要的甜味剂，人们通常食用的饴糖（如高粱饴、麻糖等）主要成分就是麦芽糖。麦芽糖也常用于制作微生物培养基。

实验证明，在硫酸等催化剂的作用下，1 分子麦芽糖水解后生成的产物为 2 分子的葡萄糖；麦芽糖具有还原性，能发生银镜反应，也能还原新制的 $Cu(OH)_2$。

（三）淀粉和纤维素

淀粉和纤维素是重要的多糖，分子中都包含多个单糖单元，其分子通式都为 $(C_6H_{10}O_5)_n$ 是复杂的天然高分子有机化合物，相对分子质量高达几万至几十万。多糖一般难溶于水，无甜味，没有还原性，水解的最终产物是葡萄糖。淀粉和纤维素由于分子里所包含的单糖（$C_6H_{10}O_5$）单元数目不同，结构也不相同，所以它们的性质也有所不同。

1. 淀粉

淀粉主要存在于植物的种子或根茎里，其中谷类植物含淀粉较多，如大米、小麦与红薯中。淀粉按结构特点可分为直链淀粉和支链淀粉，含支链成分较高的淀粉，蒸煮后黏性较大，如糯米中几乎 100％是支链淀粉，所以黏性比一般大米大得多。

（1）淀粉的性质　淀粉是白色无定形粉末，无气味，无甜味，不溶于冷水，在热水中吸水糊化。

［实验 9-4］ 在一支试管里加入少量新制的淀粉溶液。滴入几滴稀碘液，观察现象。

可以看到，淀粉溶液和碘作用呈现特殊的蓝色，常用这一反应来检验淀粉的存在。

［实验 9-5］ 在试管 1 和试管 2 里各加入 0.5g 淀粉。在试管 1 里加入 4mL 20％的 H_2SO_4 溶液，在试管 2 里加入 4mL 水，都加热 3～4min。用碱液中和试管 1 里的 H_2SO_4 溶液，把一部分液体倒入试管 3。在试管 2 和试管 3 里都加入碘溶液，观察有没有蓝色出现。在试管 1 里加入银氨溶液，稍加热后，观察试管内壁上有无银镜出现。

从上述实验可以看到，淀粉用酸催化可以发生水解，生成能发生银镜反应的葡萄糖。而在没加酸的试管中加碘溶液呈现蓝色，说明淀粉没有发生水解。

$$(C_6H_{10}O_5)_n + nH_2O \xrightarrow{\text{酸}} nC_6H_{12}O_6$$

淀粉在酶作用下也较易进行水解生成葡萄糖，如人们在吃米饭或馒头时，多加咀嚼就会感到有甜味，这是一部分淀粉因受唾液所含淀粉酶的催化作用发生了水解。工业上常用此法用淀粉大量生产葡萄糖。

(2) 淀粉的用途　淀粉是食物的一种主要成分，是人体能量的重要来源。作为工业原料，淀粉可用来制造葡萄糖酒精；水解产生的糊精可用作黏合剂及纸张、布匹的上胶剂等。

2. 纤维素

纤维素 $(C_6H_{10}O_5)_m$ 是植物细胞壁的主要成分，是构成植物组织的基础，存在于一切植物中。棉花中含纤维素最多可达 98％（质量分数），亚麻中含纤维生素达 80％，木材达 50％。

(1) 纤维素的性质　纤维素是白色纤维状固体，无气味，无味道，不溶于水，不能吸水膨胀，也不溶于稀酸稀碱和一般的有机溶剂。

纤维素的性质比较稳定，通常情况下不具有还原性。在一定条件下，纤维素也能水解生成葡萄糖，但比淀粉困难得多，一般需要在浓酸中或用稀酸在加热下才能进行。

［实验 9-6］ 把一小团棉花或几小片滤纸放入试管中，加入几滴 90％的浓硫酸。用玻璃棒把棉花或滤纸捣成糊状，加入 3mL 蒸馏水，小火微热，使其变为亮棕色溶液。稍冷，滴入 3 滴 $CuSO_4$ 溶液，并加入过量 NaOH 溶液使溶液中和至出现 $Cu(OH)_2$ 沉淀。加热煮沸，观察现象。

可以看到实验中有红色 Cu_2O 沉淀生成。这说明纤维素水解生成了具有还原性的物质。

实验证明纤维素水解的最终产物也是葡萄糖。

纤维素分子是由很多单糖单元构成的。每一个单糖单元有3个醇羟基，因此纤维素能够表现出醇的一些性质，如生成硝酸酯、乙酸酯等。

(2) 纤维素的用途　纤维素的用途十分广泛，主要用于纺织、造纸、炸药和电影胶片等工业领域，食物中的纤维素在人体消化过程中也起着重要的作用，虽然它本身不能被人体消化吸收，但是它能刺激肠道蠕动，有利于分泌消化液，有助于食物的消化和排泄。因此，医生常告诫消化和排泄功能不好的病人多食用纤维素含量高的蔬菜和食物。

第二节　油　脂

油脂是人类的主要食物之一，也是一种主要的工业原料。我们日常食用的动物油（如猪油、牛羊油等）植物油（如花生油、菜籽油、豆油、棉籽油等）都是油脂。

在室温下，植物油脂通常呈液态，叫做油；动物油脂通常呈固态，叫脂肪。油和脂肪统称油脂，属于高级脂肪酸酯类。

油脂是热能最高的营养成分。通常情况下，每人每日需进食50～60g脂肪，约能供应日需总热量的20%～25%。动物体内的脂肪还是维持生命活动的一种备用能源，当进食少、摄入能量不足时，就要消耗自身的脂肪来满足机体的需要。一些脂溶性维生素（如维生素A、维生素D、维生素E等）也需要人们通过摄取油脂而获取和吸收。

一、油脂的组成和结构

油脂是由多种高级脂肪酸（主要是十八酸、十六酸、十二酸和十八碳烯酸）与甘油（丙三醇）生成的高级脂肪酸甘油酯。它们的结构可表示如下：

$$
\begin{array}{l}
\qquad\qquad\qquad\;\; O \\
\qquad\qquad\qquad\;\; \| \\
H_2C-O-C-R^1 \\
\;\;|\qquad\qquad\;\; O \\
\;\;|\qquad\qquad\;\; \| \\
HC-O-C-R^2 \\
\;\;|\qquad\qquad\;\; O \\
\;\;|\qquad\qquad\;\; \| \\
H_2C-O-C-R^3
\end{array}
$$

结构式中R^1、R^2、R^3代表烃基，可以是饱和的，也可是不饱和的；可以相同，也可以不相同。天然油脂中R^1、R^2、R^3大都不相同，称为混甘油酯。烃基的不饱和程度越高，油脂的熔点就越低。

二、油脂的性质

油脂比水密度小，黏度较大，有明显的油腻感。油脂不溶于水，易溶于有机溶剂，食品分析上常根据这一性质对食品中的脂肪进行提取来作定量检测。油脂本身也是一种较好的溶剂。

1. 油脂的氢化

液态油在催化剂存在下，经加热加压，可与氢气反应生成固态油脂，提高烃基的饱和程度。工业上把这个反应叫油脂的氢化，也叫油脂的硬化，这样制得的油脂叫人造脂肪，也叫硬化油。硬化油性质稳定，不易变质，便于运输。因此工业上常把一些液态植物油（如棉籽油）通过加氢转变为硬化油，用于制造肥皂、硬脂酸、甘油、人造奶油等。

2. 油脂的水解

在适当的条件下（如有酸或碱或高温高压有水蒸气存在），油脂跟水能够发生水解反应，生成甘油和相应的高级脂肪酸（或盐）。如油脂在烧碱的存在下发生水解，水解生成的高级脂肪酸跟碱反应，生成高级脂肪酸钠，使水解进行彻底。工业上把这个反应叫做皂化反应，我们日常生活中使用的肥皂、香皂就是利用这种反应制造的，主要成分为脂肪酸钠。

$$\begin{array}{l} H_2C-O-\overset{\displaystyle O}{\overset{\|}{C}}-R \\ \quad| \\ HC-O-\overset{\displaystyle O}{\overset{\|}{C}}-R \\ \quad| \\ H_2C-O-\overset{\displaystyle O}{\overset{\|}{C}}-R \end{array} + NaOH \longrightarrow \underset{\text{脂肪酸钠}}{3R-COONa} + \begin{array}{l} CH_2-OH \\ | \\ CH-OH \\ | \\ CH_2-OH \end{array}$$

第三节　蛋　白　质

蛋白质是组成细胞的基础物质，广泛存在于生物体内，动物的肌肉、发、毛、蹄、角等的主要成分都是蛋白质。蛋白质是构成人体的物质基础，它约占人体除水分外剩余质量的一半。许多植物（如大豆、花生、小麦、稻谷）的种子里也含有丰富的蛋白质。一切重要的生命现象和生理机能，都与蛋白质密切相关。如在生物新陈代谢中起催化作用的酶，有些起调节作用的激素，运输氧气的血红蛋白，以及引起疾病的细菌、病毒，抵抗疾病的抗体等，都含有蛋白质。所以说，蛋白质是生命的基础，没有蛋白质就没有生命。

一、蛋白质的组成

蛋白质是一类非常复杂的化合物，由碳、氢、氧、氮、硫等元素组成。蛋白质中氮元素的平均含量约为16%。蛋白质的相对分子质量很大，可从几万到几千万。

蛋白质在酸、碱或酶的作用下能发生水解，水解的最终产物是氨基酸。下面是几种氨基酸的结构简式：

丙氨酸　$CH_3-\overset{\alpha}{C}H(NH_2)-COOH$

谷氨酸　$HCOO-(CH_2)_2-\overset{\alpha}{C}H(NH_2)-COOH$

因此，我们说氨基酸是蛋白质的基石。氨基酸有很多种，但是组成蛋白质的氨基酸只有二十多种，绝大部分是α-氨基酸（氨基在α碳原子上连接的氨基酸）。

二、蛋白质的性质

蛋白质有的能溶于水，如鸡蛋白；有的难溶于水，如丝、毛等。蛋白质除了能水解为氨基酸外，还具有下列性质。

1. 盐析

［实验 9-7］　在盛有鸡蛋白溶液的试管里，缓慢地加入饱和$(NH_4)_2SO_4$或Na_2SO_4溶液，观察沉淀的析出。然后把少量带有沉淀的液体加入盛有蒸馏水的试管里，观察沉淀是否溶解。

向蛋白质溶液中加入某些浓的无机盐［如$(NH_4)_2SO_4$、Na_2SO_4等］溶液后，可以使蛋白质凝聚而从溶液中析出，这种作用叫做盐析。这样析出的蛋白质仍可以溶解在水中，而不影响原来蛋白质的性质。因此，盐析是一个可逆的过程。利用这个性质，可以采用多次盐析的方法来分离、提纯蛋白质。

2. 变性

［实验 9-8］　在2支试管里各加入3mL鸡蛋白溶液，给一支试管加热，同时向另一支试管加入少量乙酸铅溶液，观察发生的现象。把凝结的蛋白和生成的沉淀分别放入2支盛有清水的试管里，观察是否溶解。

实验表明，蛋白质在受热或重金属盐类作用下发生的凝结是不可逆的，即凝结后的蛋白质不能在水中重新溶解。我们把**蛋白质受到物理因素或化学因素的影响，而引起蛋白质生物功能丧失和某些理化性质改变的现象叫蛋白质的变性。**除加热以外，在紫外线、X射线或强酸强碱，铅、铜、汞等重金属盐类，以及一些有机化合物，如甲醛、酒精、苯甲酸等作用下，均能使蛋白质发生变性。蛋白质变性后，不仅丧失了原有的可溶性，同时也失去了生理活性。蛋白质的变性有许多实际应用，如临床用酒精、蒸煮或高压、紫外线照射等方法进行消毒、灭菌。农业上用福尔马林、波尔多液杀菌，防治病害，其原理就是使细菌体内蛋白质变性，而失去其生理学活性。反之，为了防止疫苗、抗血清等蛋白质变性，必须将它们保存在低温干燥或避光条件下。在食物的制作上也常用到蛋白质的变性，如豆腐、鸡蛋、松花蛋等产品的加工。

3. 颜色反应

蛋白质分子因为具有某些特殊的化学结构，能与许多化合物发生特异的颜色反应。

[实验 9-9] 在 1 支试管中分别加入 2mL 鸡蛋清液和 2mL 质量分数为 10%的 NaOH 溶液，再加入质量分数为 1%的 $CuSO_4$ 溶液，观察现象。

可观察到溶液变成蓝紫色化合物，这个反应叫做双缩脲反应。双缩脲反应是肽和蛋白质所特有，而氨基酸所没有的一个颜色反应。

[实验 9-10] 在盛有 2mL 鸡蛋白的试管里，滴加几滴浓硝酸，微热，观察现象。

从上述实验中可以观察到，鸡蛋白溶液遇到浓硝酸会变黄。这是因为组成蛋白质的绝大多数的氨基酸都含有苯环，含有苯环的化合物都能与浓硝酸作用产生黄色的硝基衍生物，因此，会产生黄色。皮肤、指甲和皮毛等遇到浓硝酸变黄即为这种反应的结果。

[实验 9-11] 取 1mL 蛋白质溶液置于试管中，加 2 滴茚三酮试剂，加热至沸，观察现象（注意：此反应必须在 pH=5～7 的条件下进行）。

从上述实验中可以观察到，蛋白质溶液遇到茚三酮会变成紫色。这是由于蛋白质多肽链两端有游离的 α-NH_2 和 α-COOH，所以蛋白质也可以和茚三酮发生反应。

此外，灼烧蛋白质，会产生烧焦羽毛的气味。

化学上常利用上述方法来检验某些样品中是否含有蛋白质。

三、蛋白质的用途

蛋白质是人类必需的营养物质，成人每天大约要摄取 60～80g 蛋白质，才能满足生理需要，保证身体健康。

蛋白质不仅是重要的营养物质，在工业上也有广泛用途，羊毛和蚕丝是重要的纺织原料；动物的皮经过化学处理后可制衣做鞋；来自动物的骨胶、明胶可用来生产黏合剂和胶卷；著名的东阿阿胶是用驴皮熬制的，它是一种贵重的滋补药材，利用大豆蛋白生产的大豆蛋白纤维已广泛用于衣料生产。

此外，由蛋白质组成的各种酶在食品、化工和药医工业中也有广泛的用途。

本章小结

1. 糖类

类别		结构特征	主要性质	重要用途
单糖	葡萄糖 $C_6H_{12}O_6$	多羟基醛 $CH_2OH(CHOH)_4CHO$	白色晶体，易溶于水，有甜味，既有氧化性，又有还原性，还可发生酯化反应，并能发酵生成乙醇	营养物质、制糖果、作还原剂
	果糖 $C_6H_{12}O_6$	葡萄糖的同分异构体	白色晶体，易溶于水，有甜味	食品
二糖	蔗糖 $C_{12}H_{22}O_{11}$	无醛基	无色晶体，易溶于水，有甜味，无还原性，能水解生成葡萄糖和果糖	食品
	麦芽糖 $C_{12}H_{22}O_{11}$	有醛基，蔗糖的同分异构体	白色晶体，易溶于水，有甜味；能发生银镜反应，能水解生成葡萄糖	食品
多糖	淀粉 $(C_6H_{10}O_5)_n$	由葡萄糖单元构成的天然高分子化合物	白色粉末不溶于冷水，部分溶于热水，无还原性，水解最终产物为葡萄糖，碘遇淀粉变蓝色	制葡萄糖、乙醇
	纤维素 $(C_6H_{10}O_5)_n$	$\left[(C_6H_7O_2)\begin{matrix}OH\\OH\\OH\end{matrix}\right]_n$	无色无味的固体，不溶于水及有机溶剂，无还原性，水解最终产物为葡萄糖，能发生酯化反应	造纸、制炸药、人造纤维

2. 蛋白质

(1) 实例　鸡蛋白、淀粉酶、白明胶、结晶牛胰岛素、动物的毛发等。

结构特点：由不同的氨基酸（天然蛋白质由 α-氨基酸）缩水而形成的、结构复杂的高分子化合物。

(2) 性质

① 水溶液具有胶体的性质。

② 两性。

③ 盐析：少量 Na_2SO_4、$(NH_4)_2SO_4$ 可促进蛋白质的溶解，浓的上述无机盐溶液可降低蛋白质的溶解度，盐析是可逆的，可用于提纯蛋白质。

④ 变性；受热、酸、碱、重金属盐、甲醛、紫外线等作用时蛋白质可发生变性，失去生理活性，变性是不可逆的。

⑤ 含苯环的蛋白质遇浓 HNO_3 呈黄色。

⑥ 灼烧具有烧焦羽毛的气味。

⑦ 水解生成氨基酸：在酸、碱或酶的作用下，天然蛋白质水解产物为多种 α-氨基酸。

3. 油脂

油脂是高级脂肪酸甘油酯，所以其性质与前面所讲过的酯的性质完全相同，但应注意以下几点：

① 油脂的硬化即油脂中烃基上的不饱和双键与 H_2 的加成反应，又叫油脂的氢化；

② 油脂的皂化即油脂在碱性条件下水解生成高级脂肪酸钠盐和甘油的反应；

③ 油脂也可在酸性条件下水解，这是工业制取高级脂肪酸的反应。

复 习 题

一、填空题

1. 蛋白质、淀粉、脂肪是 3 种重要的营养物质，这 3 种物质水解的最终产物分别是①_______②_______③_______。

2. 葡萄糖能发生银镜反应，也能跟新制的氢氧化铜反应生成红色沉淀。这说明葡萄糖具有________的性质，分子里含有________官能团。

二、选择题

1. 欲将蛋白质从水中析出而又不改变它的性质，应加入（　　）。
A. 饱和硫酸钠溶液　　B. 浓硫酸　　C. 甲醛溶液　　D. 硫酸铜溶液
2. 下列过程中，不可逆的是（　　）。
A. 蛋白质的盐析　　B. 酯的水解　　C. 蛋白质的变性　　D. 氯化铁的水解
3. 下列化合物中，属于还原糖的是（　　）。
A. 麦芽糖　　B. 蔗糖　　C. 果糖　　D. 葡萄糖
4. 把淀粉彻底水解得到的主要产物是（　　）。
A. 二氧化碳和水　　B. 果糖　　C. 葡萄糖　　D. 葡萄糖和果糖
5. 下列 4 种糖，本身不具有还原性，但经水解后具有还原性的是（　　）。
A. 葡萄糖　　B. 果糖　　C. 蔗糖　　D. 麦芽糖
6. 下列关于葡萄糖的说法中，错误的是（　　）。
A. 葡萄糖的分子式是 $C_6H_{12}O_6$
B. 葡萄糖是碳水化合物，因为它的分子是由 6 个碳原子和 6 个水分子组成的
C. 它们不是同分异构体，但属于同系物
D. 蔗糖能水解，葡萄糖不能

三、问答题

1. 在 3 支试管里分别盛有蛋白质、淀粉和肥皂的溶液，怎样鉴别它们？

2. 糖类物质对于人类的生活具有什么意义?

3. 为什么许多食品都要加入添加剂?这对人体健康有什么影响?

4. 怎样使二糖转化为单糖?怎样证明蔗糖已经转化为葡萄糖?

5. 试用化学方法区别下列各组化合物:

(1) 葡萄糖与蔗糖

(2) 麦芽糖与淀粉

(3) 蔗糖与麦芽糖

四、计算题

葡萄糖的相对分子质量为180,其中含40%碳,6.7%氢,其余是氧,求葡萄糖的分子式。3.2mol蔗糖水解能生成葡萄糖和果糖各多少克?

第十章 合成材料

前面我们学过无机非金属材料和金属材料，在材料家族中还有一大类非常重要的高分子材料。高分子材料按材料的来源分，可分为天然高分子材料和合成高分子材料。例如棉花、羊毛、天然橡胶等都属于天然高分子材料，而日常生活中接触到的塑料、合成纤维、黏合剂、涂料等都是经过化学合成的高分子材料，简称合成材料。随着社会的发展和科技的进步，合成材料的使用大大超过了天然高分子材料，无论是在人们的衣、食、住、行，还是现代工业、农业、国防和科学技术，以及交通运输、医疗卫生、环境、能源等领域，都离不开合成材料。特别是近年来为适应某些特殊领域的需要而发展起来的新型有机高分子材料，大大扩展了合成材料的应用范围，甚至可以说，人类正进入一个崭新的合成材料的时代。本章将对合成材料作简单的介绍。

第一节 一般合成材料

人工合成高分子材料的出现是材料发展史上的一次重大突破。从此，人类摆脱了只能依靠天然材料的历史，在改造大自然的进程中大大向前迈进了一步。由于合成材料的原料丰富，价廉易得，加工制造工艺简单，性能千变万化，所以，合成材料一经出现，便得到了广泛的应用。合成材料品种很多，像**塑料、合成纤维、合成橡胶就是我们通常所说的三大合成材料**。近年发展起来的黏合剂、涂料等也属于合成材料的范畴。

一、塑料

人们天天和塑料打交道，那么究竟什么是塑料呢？实际上，从字面就可以看出塑料是指具有可塑性的材料。现代塑料是指以合成树脂[1]为主要成分，再加入一些用来改善其性能的各种添加剂，在一定温度和压力下塑造成一定形状，冷却到常温

[1] 合成树脂是人工合成的一类高分子量聚合物，其种类很多。按合成反应特征可分为加聚型合成树脂和缩聚型合成树脂；按热行为可分为热塑性树脂和热固性树脂；按化学组成可分为酚醛树脂、氨基树脂、聚氯乙烯树脂和环氧树脂等。

后能保持既定形状的高分子材料。有些合成树脂具有热塑性，用它制成的塑料就是热塑性塑料，这种塑料可以反复加工，多次使用，如聚乙烯、聚氯乙烯等塑性产品；相反的，像酚醛树脂，具有热固性，用它制成的塑料就是热固性塑料，这种塑料一旦加工成型，就不会受热熔化。随着社会、经济及科学的飞速发展与进步，人们根据需要研制出了许多性能优异的塑料，如工程塑料，在某些领域可代替金属使用。

塑料在食品方面的用途非常广泛。例如高压低密度聚乙烯（LDPE），因其透气性好，可用于生鲜果蔬的保鲜包装，也可用于冷冻食品包装；聚丙烯（PP）常用作糖果、点心的扭结包装；在食品包装上，透明食品盒、水果盘、小餐具等主要由聚苯乙烯（PS）塑料制成。聚偏二氯乙烯（PVDC）因其阻隔性很高，受环境温度的影响小，耐高低温，透明性、光泽性好，制成收缩薄膜后的收缩率适中，常用于畜肉制品的灌肠包装，作为肠衣生产多种火腿肠。

二、合成纤维

羊毛、蚕丝及棉麻的纤维都是天然纤维。用木材、草类的纤维经化学加工制成的黏胶纤维属于人造纤维；利用石油、天然气、煤和农副产品作原料制成的是合成纤维。合成纤维和人造纤维又统称为化学纤维。

合成纤维具有比天然纤维和人造纤维更优越的性能。在合成纤维中，涤纶、锦纶、腈纶、丙纶、维纶和氯纶被称为“六大纶”。它们都具有强度高、弹性好、耐磨、耐化学腐蚀、不发霉、不怕虫蛀、不缩水等优点。而且每一种还具有各自独特的性能。因此合成纤维除了不断满足人们的日常生活需要外，在工农业生产和国防上也有很多用途。

随着新兴科学技术的发展，近年来还出现了许多具有某些特殊性能的特种合成纤维，如芳纶纤维、碳纤维、耐辐射纤维、光导纤维和防火纤维等。

三、合成橡胶

橡胶是制造飞机、军舰、汽车、拖拉机、收割机、水利排灌机械、医疗器械等所必需的材料。根据来源不同，橡胶可以分为天然橡胶和合成橡胶。合成橡胶是以石油、天然气中的二烯烃和烯烃为原料制成的高分子，在20世纪初开始生产，从20世纪40年代起得到了迅速的发展。合成橡胶一般在性能上不如天然橡胶全面，但它具有高弹性、绝缘性、气密性、耐油、耐高温或低温等性能，因而广泛应用于工农业、国防、交通及日常生活中（见图10-1）。

人们常用的合成橡胶有丁苯橡胶、顺丁橡胶、氯丁橡胶等，它们都是通用橡胶。特种橡胶有耐油性的聚硫橡胶、耐高温和耐严寒的硅橡胶等。

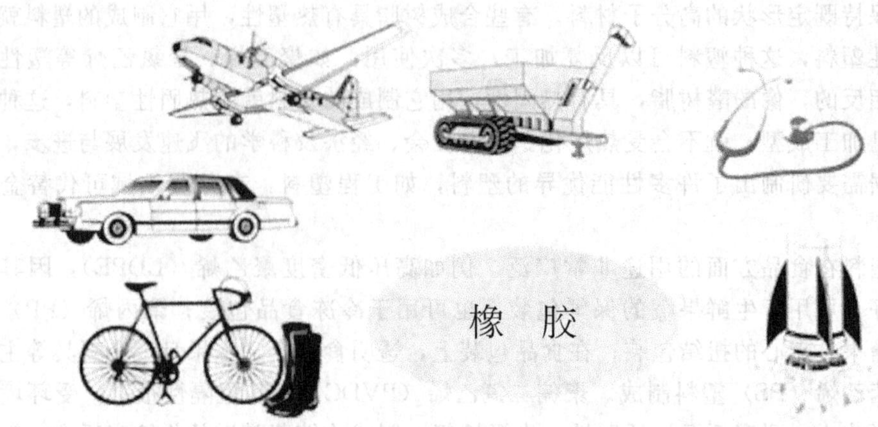

图 10-1 橡胶的用途

第二节 新型有机高分子材料

材料是人类赖以生存和发展的物质基础，是人类文明的重要里程碑。当今有人将能源、信息和材料并列为新科技革命的三大支柱。而材料又是能源和信息发展的物质基础。自从合成有机高分子材料出现的那一天起，人们就在不断地进行探索、研究。高分子材料在日常生活、工农业生产和尖端科学技术领域中的作用越来越重要。本节我们简要介绍其中的两种。

一、功能性高分子材料

功能性高分子材料是指既有传统高分子材料的机械性能，又有某些特殊功能的高分子材料。如高分子分离膜是用具有特殊分离功能的高分子材料制成的薄膜。它的特点是能够有选择地让某些物质通过，而把另外一些物质挡在界面外。这类分离膜广泛应用于生活污水、工业废水等废液处理以及回收废液中的有用成分，特别是在海水和苦咸水的淡化方面已经实现了工业化（见图 10-2）。在食品工业中，利用分离膜的特性广泛用于浓缩天然果汁、乳制品加工、酿酒等，在分离时不需要加热，既节约了能源，又可最大限度地保持食品原有的风味。

二、复合材料

随着社会的发展，单一材料已不能满足某些尖端技术领域发展的需要，为此，人们研制出了各种新型的复合材料。复合材料是指由两种或两种以上材料组合成的

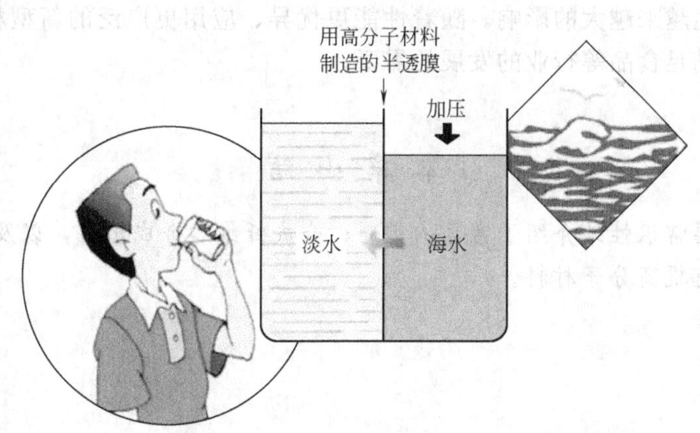

图 10-2 海水淡化

一种新型的材料。其中一种材料作为基体，另外一种材料作为增强剂，就好像人体中的肌肉和骨头一样，各有各的用处。例如，由玻璃纤维和树脂组成的复合材料——玻璃钢，质轻而坚硬，机械强度可与钢材相比。可做船体、汽车车身等，也可做印刷电路板。复合材料可以发挥每一种材料的长处。并避免其弱点，既能充分利用资源，又可以节约能源。因此世界各国都把复合材料作为大有发展前途的一类新型材料来研究。由于复合材料一般具有强度高、质量小、耐高温、耐腐蚀等优异性能，在综合性能上超过了单一材料，因此，宇航工业就成了复合材料的重要应用领域。

另外，复合材料在食品工业上的应用主要在包装领域。由于复合材料的综合性能优于任何单层材料的性能，可以满足某些特殊包装的要求，所以符合包装材料广泛用于各种食品的包装。如高温高压下的灭菌包装（120～135℃）、高阻隔性能的包装、真空充气包装等。常见的符合包装材料形式有塑-塑复合、纸-塑复合、铝-塑复合及纸-铝-塑复合等。现在市场上销售的盒装牛奶、果汁等产品，就是使用的复合包装材料。

三、有机高分子材料的发展趋势

目前，世界上对有机高分子材料的研究正在不断地加强和深入。一方面，对重要的通用有机高分子材料继续进行改进和推广，使它们的性能不断提高，应用范围不断扩大。另一方面，对与人类自身密切相关、具有特殊功能的材料的研究也在不断加强，并且取得了一定的进展，如仿生高分子材料、智能高分子材料等。这类高分子材料在食品、宇航、建筑、机器人、仿生和医药领域已显示出潜在的应用前景。

总之，有机高分子材料的应用范围正在逐渐扩展，高分子材料必将对人们的生产和生活产生越来越大的影响。随着性能更优异、应用更广泛的新型材料的涌现，会更好地来满足食品等行业的发展的需要。

本章小结

本章主要常识性地介绍了常见的塑料、合成纤维和合成塑料，以及功能高分子材料等新型有机高分子材料。

第十一章 化学实验

化学是一门以实验为基础的自然科学，在化学教学中实验占有极其重要的地位，要很好地领会和掌握基础化学的基本理论和基础知识，就必须亲自进行一些实验。

第一节 做好化学实验的要求

一、明确实验目的

通过实验，可以观察到大量生动有趣的化学反应现象，了解大量物质变化的事实，加强对课堂上讲授的基本原理和基础知识的理解和掌握。

通过实验，进行各种操作训练，可进一步掌握化学实验的基本操作方法和技能技巧。

通过实验，可以培养和提高动脑、动手的能力，培养实事求是的科学态度和严肃认真的工作作风。

二、掌握学习方法

要做好基础化学实验，达到上述实验目的，不但要有正确的学习态度，还要有正确的学习方法。化学实验的学习方法大致可分为以下 3 个步骤。

1. 预习

上实验课前，要阅读教材中的有关内容，并预习本实验内容，做到理解实验目的，明白实验的内容、步骤、操作过程和实验时应注意的事项。

2. 实验

每次做实验前，要先检查实验用品是否齐全，摆放是否整齐有序。做实验时，必须按照教材上所规定的方法、步骤和试剂用量进行操作，注意安全，并细心观察现象，实事求是地作好记录，实验过程中应勤于思考，仔细分析，力争自己解决问题。当遇到疑难问题而自己难以解决时，可提请教师指点，实验过程中要严格遵守实验室的各种规章制度。

3. 实验报告

实验做完后应对实验现象进行解释并做出结论，或根据实验数据进行处理和计算，认真写出实验报告，交指导教师审阅。书写实验报告时应字迹端正，简明扼要，整齐清洁。

第二节 实验室规章制度

一、基础化学实验室规则

① 要保持实验室安静，不准在实验室里大声喧哗和嬉戏。

② 保持实验室整洁、干净，不准随地吐痰，废弃物要分类放入指定容器，不得随意丢弃。

③ 爱护实验室财物，小心使用各种仪器设备。注意节约用水、用电和使用药品。

④ 在实验室内不准吃东西，不允许做与实验无关的其他事情。

⑤ 离开实验室前要做好安全检查，关好水、电及门窗。

⑥ 实验室内的物品不经批准不得带离实验室。

二、基础化学实验规则

① 上实验课要做到不迟到、不早退。

② 实验前应认真预习，做到目的明确，内容熟悉，明确实验的基本原理、方法、步骤及注意事项。

③ 实验开始前应清点核对仪器和试剂，发现问题应及时报告指导老师。

④ 实验时要按规定要求使用仪器和试剂，不得随意拿用，公用仪器和试剂等用后应立即放回原处。

⑤ 按需用量取用试剂，多取试剂不得再放回原瓶中，以免带入杂质。

⑥ 实验过程中要听从老师指导，正确操作，细致观察，认真思考，并如实记录各种实验现象和数据。

⑦ 实验完毕，应将所用仪器刷洗干净放到指定位置，整理好试剂和实验台。

⑧ 实验结束后，根据原始记录写出实验报告，按时交给指导老师。

三、基础化学实验安全规则

实验室里所用的试剂，很多是易燃、易爆、有腐蚀性或有毒的，在实验中又经常使用玻璃仪器和各种电器，因此保证实验安全至关重要。首先要在思想上重视，决不能麻痹大意；其次必须熟悉各种仪器、试剂的性能和使用方法，并严格遵守操作规程。

① 易燃易爆药品必须远离明火，绝对不允许随意混合化学试剂。

② 实验中不能用手接触药品，不要把鼻孔凑到容器口去闻药品（特别是气体）的气味，不得品尝任何试剂。

③ 小心使用电源、火源，防止触电和失火事故发生。

④ 不能俯视正在加热的液体，使用试管加热时，不要将试管口对着自己和别人，以免液体溅出使人员受到伤害。

⑤ 浓酸、浓碱具有很强的腐蚀性，使用时要特别注意，切勿洒在地面、桌面、衣服和皮肤上，尤其不要溅入眼内，以免造成严重后果。

⑥ 能产生有刺激性或有毒气体的实验应在通风橱内进行，实验室也应打开门窗使空气流动。

⑦ 严格按规定使用有毒试剂，不得进入口内或接触伤口；剩余的废液也不能随意乱倒，以免造成中毒事故和环境污染。

⑧ 严禁在实验室内饮食吸烟，或把餐具带入实验室。实验完毕，必须洗净双手。

四、化学实验室意外事故处理

1. 创伤

伤处不要用手抚摸或用水洗涤。若是玻璃创伤，应先将伤口内的碎玻璃挑出，然后在伤口处涂以消炎药水（如紫药水、红汞、碘酒等）并包扎。

2. 烫伤

不要用水冲洗，应用1%高锰酸钾溶液冲洗伤处，再涂上烫伤膏或红花油。

3. 酸腐蚀致伤

先用大量水冲洗，再用饱和小苏打溶液（或5%氨溶液）清洗，最后再用水冲洗。如果酸液溅入眼内，千万不要揉眼，用大量水冲洗后，送医院诊治。

4. 碱腐蚀致伤

先用大量水冲洗，再用2%醋酸溶液或饱和硼酸溶液洗，最后用水冲洗。如果碱液溅入眼中，千万不要揉眼，用硼酸溶液冲洗后送医院诊治。

5. 溴腐蚀致伤

用苯或甘油（丙三醇）洗濯伤口，再用水冲洗。

6. 吸入刺激性气体或有毒气体

吸入氯气、氯化氢气体时，可吸入少量酒精和乙醚的混合蒸气解毒。吸入一氧化碳或硫化氢气体而感到不适时，立即到室外呼吸新鲜空气。

7. 毒物进入口内

把5～10mL稀硫酸铜溶液加到一杯温开水中内服，然后用手指伸入咽喉部，促使呕吐，并立即送医院诊治。

8. 发生触电事故

不要惊慌失措，应首先切断电源，然后再进行救治，必要时进行人工呼吸。

9. 失火

失火后，要立即组织灭火，同时尽快移开可燃物和切断电源，防止火势扩大。灭火时要根据起火原因采取不同的灭火方法。一般的小火，可用湿布、石棉布或砂子覆燃烧物即可灭火。火势大时可用灭火器灭火，但电器设备所引起的火灾，只能使用二氧化碳或四氯化碳灭火器灭火，碱金属失火只能用干沙灭火。实验人员衣服着火时，切勿惊慌乱跑，应立即脱下衣服，或用石棉布覆盖着火处，火势较大时，应卧地打滚。

第三节　常用的实验仪器

基础化学实验常用仪器主要有：试管、烧杯、烧瓶、锥形瓶、广口瓶、试剂瓶、滴瓶、量筒、移液管、容量瓶、滴定管、漏斗、表面皿、蒸发皿、酒精灯、铁架台、三角架、石棉网、试管架、毛刷、药匙、温度计、坩埚、坩埚钳、白瓷板、称量瓶、托盘天平等。认识并了解常用仪器的主要用途，正确掌握其使用方法，对做好化学实验非常重要，化学实验中的常用仪器见表 11-1。

表 11-1　化学实验常用仪器介绍

仪　器	主要用途	使用方法和注意事项
普通试管　离心试管	(1)用作少量试剂的反应容器,在常温或加热时使用,可用酒精灯直接加热 (2)可用于收集少量气体 (3)可用作简易气体发生器 (4)作洗气瓶用	(1)反应液体不得超过试管容积的1/2,加热时不超过1/3 (2)加热前要将试管外面擦干,加热时要用试管夹 (3)离心试管只能用水浴加热 (4)加热液体时,试管不对着人,保持试管与台面倾斜角为45° (5)加热固体时,试管横放,试管口略向下倾斜,先均匀受热,然后固定加热 (6)振荡试管时应用拇指、食指、中指持拿离试管口的1/3处,用腕力甩动试管底部
烧杯	(1)用作溶解试剂,配制一定浓度的溶液 (2)用作常温或加热时较多试剂之间的反应器 (3)可用于浓缩、稀释溶液 (4)盛放具有腐蚀性的药品进行称量	(1)烧杯用作反应器和加热液体时,液体体积不超过烧杯容积的1/3 (2)在烧杯里配制溶液时,以选用烧杯的容积比所配溶液的体积大1倍为宜 (3)加热前烧杯外壁必须擦干,并垫上石棉网 (4)用玻璃棒搅拌烧杯中的溶液时,应注意不要碰触烧杯壁及底部 (5)从烧杯中倾倒液体时应从杯嘴向外倾倒

续表

仪　器	主 要 用 途	使用方法和注意事项
平底烧瓶　圆底烧瓶 蒸馏烧瓶	烧瓶一般作为有液体参加的反应器(圆底烧瓶可加热，平底烧瓶一般不宜加热)，也可以装配气体发生器，特殊情况下可用作气体收集装置。蒸馏烧瓶多用于液体的蒸馏或煮沸	(1)加热前烧瓶外壁必须擦干，并垫上石棉网 (2)加热时用铁架台固定 (3)加热时液体量应为容量的 1/3～2/3 之间 (4)煮沸、蒸馏时要加几粒沸石或碎瓷片
锥形瓶(又叫三角瓶)	(1)酸碱中和滴定时作滴定容器 (2)用于装配气体发生器及蒸馏时馏出物的承受器 (3)可以加热液体物质	(1)加热时，必须垫上石棉网 (2)振荡时，瓶内盛液不超过容积的 1/3
集气瓶	(1)储存固体药品用 (2)集气瓶还用于收集气体。常配有磨砂玻璃片，集气瓶口也进行了带砂磨平处理，增强气密性。有别于广口瓶	(1)使用前，磨砂玻璃片与瓶口都应均匀地涂一层薄的凡士林。磨砂玻璃片应紧贴瓶口推、拉，以完成开、闭操作 (2)集满气体待用时，有两种放置方式，即气体密度比空气大的，瓶口应向上；反之则向下 (3)集气瓶不能加热。进行某些实验时，瓶底还应铺一层细沙或盛少量水，以免高温固体生成物溅落瓶底引起集气瓶炸裂 (4)用排空气法收集气体时，进气管应伸入至接近瓶底；用排水法收集气体时，充满水的集气瓶不应留有气泡
试剂瓶	(1)细口试剂瓶用于储存溶液和液体药品 (2)广口试剂瓶用于存放固体试剂	(1)广口试剂瓶和细口试剂瓶均不能加热 (2)根据盛装试剂的物理性质、化学性质选择所需试剂瓶的一般原则是：固体试剂——选用广口瓶；液体试剂——选用细口瓶；见光易分解或变质试剂——选用棕色(或茶色)瓶；酸性试剂——选用具磨砂玻璃塞瓶；碱性试剂——选用带胶塞试剂瓶；汽油、苯、四氯化碳、酒精、乙醚等有机溶剂——选用带磨砂玻璃塞瓶，不能用胶塞瓶等 (3)氢氟酸不能用玻璃瓶而应用塑料瓶盛装

续表

仪　器	主要用途	使用方法和注意事项
滴瓶	盛放少量液体试剂或溶液,便于取用	(1)不能盛热溶液,也不能加热 (2)滴管不能互换使用,内磨砂滴瓶不能长期盛放碱性溶液或对玻璃有腐蚀作用的试剂(如氢氟酸),以免腐蚀、黏结 (3)滴液时,滴管不能伸入容器内以免污染或损伤滴管,也不能横放或倒放,以免试液腐蚀橡皮胶头 (4)棕色瓶盛放见光易分解或不太稳定的物质,防止分解变质
量筒　量杯	用于粗略地量取一定体积的液体时使用 上口大下部小的叫量杯	(1)不可加热,不可作为实验容器(如溶解、稀释等),防止破裂 (2)不可量热溶液或热液体(在标明的温度范围内使用),否则容积不准确 (3)应竖直放在桌面上,读数时视线应和液面水平,读取与弯月面相切的刻度,理由是读数准确
移液管	玻璃质,分刻度管型和单刻度大肚型两种。此外还有完全流出式和不完全流出式。无刻度的也叫移液管,有刻度的也称量管。精确移取一定体积的液体时使用	(1)取洁净的移液管,用少量移取液淋洗1～2次,确保所取液浓度或纯度不变 (2)将液体吸入,液面超过刻度,再用食指按住管口,轻轻转动放气,使液面降至刻度后,用食指按住管口,移至指定容器中,放开食指,使液体沿容器壁自动流下,确保量取准确 (3)未标明"吹"字的吸管,残留的最后一滴液体,不用吹出
容量瓶	用来配制准确物质的量浓度的溶液。容量瓶的形状为细颈、梨形的平底玻璃容器,带有磨口玻璃塞或塑料塞,其颈部刻有一条环形标线,以示液体定容到此时的体积,常用的容量瓶的规格有50mL、100mL、250mL、500mL、1000mL等几种。容量瓶上标有刻度线、温度和容量	(1)溶质先在烧杯内全部溶解,然后移入容量瓶,理由是配制准确 (2)不能加热,不能代替试剂瓶用来存放溶液,避免影响容量瓶的精确度 (3)磨口瓶塞是配套的,不能互换

续表

仪　器	主 要 用 途	使用方法和注意事项
漏斗　长颈漏斗	(1)过滤液体 (2)倾注液体 (3)长颈漏斗常用于在装配气体发生器时添加液体	(1)不可直接加热，防止破裂 (2)过滤时，滤纸角对漏斗角；滤纸边缘低于漏斗边缘，液体液面低于滤纸边缘；杯靠棒，棒靠滤纸，漏斗颈尖端必须紧靠承接滤液的容器内壁(即一角、二底、三紧靠)；防止滤液溅失(出) (3)长颈漏斗作加液时斗颈应插入液面内，防止气体自漏斗泄出
分液漏斗	(1)分离两种互不相容物质(液-液分离) (2)萃取 (3)洗涤某液体物质 (4)滴液漏斗可用于滴加液体试剂	(1)使用前要检查活塞是否漏水，如果漏水，则需将活塞擦干均匀地涂上薄薄的一层凡士林油(活塞的小孔处不能涂抹) (2)所盛放的液体总量不能超过漏斗容积的3/4 (3)分液漏斗要放在固定于铁架台的铁圈上 (4)分液漏斗中的下层液体通过活塞放出，上层液体从漏斗口倒出，防止分离不清 (5)用毕洗净后，在磨口处应垫上小纸片，以防久置黏结，日后因久置打不开
酸式滴定管　碱式滴定管	滴定时用，或用以量取较准确的溶液体积	(1)用前洗净，装液前要用预装溶液淋洗3次 (2)酸的滴定用酸式滴定管，碱的滴定用碱式滴定管，不可对调混用。因为酸液腐蚀橡皮，碱液腐蚀玻璃 (3)使用前应检查旋塞是否漏液，转动是否灵活，酸式滴定管旋塞应擦凡士林油，碱式滴定管下端橡皮管不能用洗液洗，因为洗液腐蚀橡皮 (4)酸式滴定管滴定时，用左手开启旋塞，防止拉出或喷漏。碱式滴定管滴定时，用左手捏橡皮管内玻璃珠的外侧上方，溶液即可放出，在碱式滴定时，要注意赶尽气泡，这样读数才准确
表面皿	(1)盖在烧杯或蒸发皿上 (2)作点滴反应器皿或气室用 (3)盛放干净物品	(1)不能直接用火加热，防止破裂 (2)不能当蒸发皿用

续表

仪　器	主要用途	使用方法和注意事项
蒸发皿	(1)用于溶液的蒸发、浓缩 (2)焙干物质	(1)盛液量不得超过容积的 2/3 (2)直接加热，耐高温但不宜骤冷 (3)加热过程中应不断搅拌以促使溶剂蒸发，口大底浅易于蒸发 (4)临近蒸干时，降低温度或停止加热，利用余热蒸干
酒精灯	(1)常用热源之一 (2)进行焰色反应	(1)使用前检查灯芯和酒精量(不少于容积的 1/5，不超过容积的 2/3) (2)用火柴点火，禁止用燃着的酒精灯去点另一盏酒精灯 (3)不用时应立即用灯帽盖灭，轻提后再盖紧，防止下次打不开及酒精挥发
铁架台	(1)用于固定或放置反应容器 (2)铁圈可代替漏斗架用于过滤	(1)先调节好铁圈、铁夹的距离和高度，仪器固定在铁架台上后，注意使重心落在铁架台底盘中部 (2)用铁夹夹持仪器时，应以仪器不能转动为宜，不能过紧过松，过紧夹破，过松脱落 (3)加热后的铁圈不能撞击或摔落在地，避免断裂
三角架	放置较大或较重的加热容器	(1)放置加热容器(除水浴锅外)前应先放石棉网 (2)下面加热灯焰的位置要合适，一般用氧化焰加热
石棉网	(1)使受热物体均匀受热 (2)石棉是一种不良导体，它能使受热物体均匀受热，不致造成局部高温	(1)应先检查，石棉脱落的不能用，否则起不到作用 (2)不能与水接触，以免石棉脱落和铁丝锈蚀 (3)不可卷折，因为石棉松脆，易损坏

续表

仪　器	主要用途	使用方法和注意事项
试管架	放试管用	加热后的试管应用试管夹夹住悬放于架上
毛刷	洗涤试管等玻璃仪器	(1)小心避免试管刷顶部的铁丝撞破试管底 (2)洗涤时手持刷子的部位要合适，要注意毛刷顶部竖毛的完整程度，避免洗不到仪器顶端或刷顶撞破仪器 (3)不同的玻璃仪器要选择对应的毛刷
药匙	(1)拿取少量固体试剂使用 (2)有的药匙两端各有一个小勺，一大一小，根据用量大小分别选用	(1)保持干燥、清洁 (2)取完一种试剂后，必须洗净，并用滤纸擦干或干燥后再取用另一种药品，避免沾污试剂，发生事故
温度计	用于测量温度	(1)应选择合适测量范围的温度计。严禁超量程使用 (2)测液体温度时，温度计的液泡应完全浸入液体中，但不能与容器内壁相接触(如实验室制乙烯，测定溶解度，制硝基苯，中和热的测定等) (3)测蒸气温度时，液泡应在液面以上，测蒸馏馏分温度时，液泡应略低于蒸馏烧瓶支管口(如石油的蒸馏) (4)在读数时，视线应与液柱凸液面的最高点(水银)或凹液面的最低点(酒精温度计)水平相切 (5)不得代替玻璃棒用于搅拌。用完后均应擦拭干净，装在纸套内，远离热源存放

续表

仪　器	主 要 用 途	使用方法和注意事项
坩埚	能耐高温，用来灼烧沉淀，融化不腐蚀瓷器的盐类及燃烧某些有机物等。常用来灼烧结晶水合物	(1)灼烧过的坩埚应放于石棉网上，盖好盖，再放入干燥器中冷却，称量后的坩埚及坩埚盖不可张冠李戴 (2)瓷坩埚可放在铁三脚架的泥三角上用酒精灯直接加热。加热时要使坩埚均匀转动
坩埚钳	夹持坩埚加热或放入高温电炉(马弗炉)中，取坩埚(亦可用于夹取热的蒸发皿)。	(1)使用时必须用干净的坩埚钳 (2)坩埚钳用后，应尖端向上平放在实验台上(如温度很高，则应放在石棉网上) (3)实验完毕后，应将钳子擦干净，放入实验柜中，干燥放置
白瓷板	用于产生颜色或生成有色沉淀的点滴反应	(1)常用白色点滴板 (2)有白色沉淀的用黑色点滴板 (3)实际常用量为1～2滴
直形冷凝管　球形冷凝管 蛇形冷凝管	(1)主要用于冷却被蒸馏物的蒸气 (2)蒸馏沸点高于130℃的液体时，选用空气冷凝管 (3)蒸馏沸点低于130℃的液体时，选用直型冷凝管 (4)蒸馏沸点很低的液体时，选用蛇形冷凝管 (5)球形冷凝管一般用于回流	(1)用万能夹固定于铁架台上 (2)使用冷凝管时(除空气冷凝管外)，冷凝水从下口进入，上口流出，上端的出水口应向上，以保证套管中充满水 (3)在加热之前，应先通冷凝水
称量瓶	准确称取一定量固体药品时用	(1)不能加热 (2)盖子是与磨口配套的，不得丢失，弄乱 (3)不用时应洗净，在磨口处垫上纸条

续表

仪器	主要用途	使用方法和注意事项
托盘天平	测量质量的仪器	(1)将天平放在水平桌面上 (2)将游码移至标尺左端零刻度处，调节横梁右端(有的天平是左、右两端)的平衡螺母，使指针对准刻度线的中央 (3)将待称物放入左盘中后，在右盘中轻轻放入砝码，加减砝码并移动标尺似的游码，直至指针再次对准中央刻度线。加减砝码要用镊子 (4)计算砝码盘中所加砝码的总质量，并加上游码所示的质量，就可得出待称物的总质量

第四节 基础化学实验基本操作

一、玻璃仪器的洗涤和干燥

化学实验前后都要清洗干净玻璃仪器，因为玻璃仪器的干净程度直接影响实验结果的准确性。干净的玻璃仪器应该清晰透明，其内壁能被水均匀润湿而不挂水珠。

(一) 玻璃仪器的洗涤

1. 常用的洗涤剂及使用范围

常用的洗涤剂有：洗洁精、洗衣粉、去污粉、洗液、有机溶剂等。

洗洁精、洗衣粉、去污粉用于可以用刷子直接刷洗的仪器，如烧杯，三角瓶，试剂瓶等；洗液多用于不便用刷子洗刷的仪器，如滴定管、移液管、容量瓶、蒸馏器等特殊形状的仪器，也用于洗涤长久不用的杯皿器具和刷子刷不下的污垢。用洗液洗涤仪器，是利用洗液本身与污物起化学反应的作用，将污物去除。因此需要浸泡一定的时间使其充分作用；有些有机溶剂能溶解油脂，利用这个原理将油污除去，或借助某些有机溶剂能与水混合而又挥发快的特殊性，冲洗一下带水的仪器将水快速除去。如甲苯、二甲苯、汽油等可以洗油垢，酒精、乙醚、丙酮可以冲洗刚洗净而带水的仪器。

2. 洗涤方法

应根据实验的要求、仪器的种类、污物的性质和沾污的程度等选用不同的洗涤方法。现以洗涤试管为例进行说明。

(1) 用水洗涤　在试管内装入约 1/3～1/2 的水，摇荡片刻，倒掉，再装水摇荡，倒掉，如此反复操作数次，若管壁能均匀地被水所润湿而不沾附水珠，则可认为基本上已洗涤洁净。洗涤时可以使用试管刷。刷洗时，注意所用的试管刷前部的毛应是完整的，先将它捏住后放入管内，以免试管刷的铁丝顶端将试管戳破。按上法洗净后，需再用去离子水（或蒸馏水）洗涤，以除去沾附在器壁上的自来水。洗涤的一般方法是从洗瓶向仪器内壁挤入少量水，同时转动仪器以变换洗瓶水流方向，使水能充分淋洗内壁，每次用水量不需太多。如此洗涤 2～3 次后，即可使用。

(2) 用去污粉、洗衣粉等洗涤剂洗　如果仪器沾污得很厉害，可先用洗洁精等洗涤液处理，或者用去污粉刷洗（但不要用去污粉刷洗有刻度的量器，以免擦伤器壁）。然后用自来水冲洗干净，最后再用去离子水冲洗仪器 2～3 次。

(3) 用洗液洗　如洗涤剂仍不能将污物去除，可采用铬酸洗液（这是一种由重铬酸钾和浓硫酸所配成的洗涤液，配方如下：在 250mL 烧杯中溶解 5g $K_2Cr_2O_7$ 于 5mL 水中，在搅拌下缓慢加入 100mL 浓硫酸，待其冷至室温后，移至储瓶中备用）。一般可将需要洗涤的仪器浸泡在热的（70℃左右）洗液中约 10min，取出后，再用水冲洗。这种洗液用过后如果不显绿色（Cr^{2+} 离子的颜色），一般仍旧倒回原瓶再用，不要随便废弃。铬酸洗液有强烈的腐蚀性，使用时必须小心，防止它溅在皮肤或衣服上。有油渍的仪器可先用热的氢氧化钠或碳酸钠溶液处理。

此外，对于一些不溶于水的沉淀垢迹，需根据其性质，选用适当的试剂，通过化学方法除去。

（二）玻璃仪器的干燥

洗净后不急用的玻璃仪器倒置在实验柜内或仪器架上晾干；急用仪器可放在电烘箱内烘干，放进去之前应尽量把水倒尽。烧杯和蒸发皿可放在石棉网上用小火烤干，试管可直接用小火烤干。操作时，试管口向下，来回移动，烤到不见水珠时，使管口向上，以便赶尽水汽；也可用电吹风把仪器吹干。带有刻度的计量仪器不能用加热的方法进行干燥，以免影响仪器的精密度，可用易挥发的有机溶剂（如酒精或酒精与丙酮体积比为 1∶1 的混合液）荡洗后晾干。

二、化学试剂的取用

根据药品中杂质含量的多少，化学试剂可分为不同的等级，我们可根据实验的不同要求选用不同级别的试剂。国内生产的化学试剂的级别和适用范围见表 11-2。

表 11-2　国产化试剂的级别和适用范围

等级	一级品	二级品	三级品	四级品
中文标志	优级纯	分析纯	化学纯	实验试剂
代号	G. R.	A. R.	C. P.	L. R.
标签颜色	绿色	红色	蓝色	黄色
应用范围	最精确的分析和研究工作	精确分析和研究工作	一般工业分析	普通实验及制备实验

化学实验室里所用的药品，很多是易燃、易爆、有腐蚀性或有毒的。因此，一定要严格遵照有关规定存放和取用药品，确保安全。

固体试剂一般装在广口瓶中；液体试剂一般盛放在细口试剂瓶或带有胶头滴管

的滴瓶中；见光易分解的试剂（如硝酸银）应盛放在棕色瓶内。试剂瓶上应贴有标签，以表明试剂的名称、浓度和配制日期，并在标签外面涂上一薄层蜡加以保护。

取用试剂前，应看清标签。瓶盖取下应倒放在实验台上，避免沾污。取完试剂后，应立即将瓶盖盖好，避免张冠李戴。

取用试剂时，要根据用量，不要多取，这样既能获得较好的实验效果又可节约药品。取多的药品不能放回原试剂瓶中，应放在指定的容器里。

1. 固体试剂的取用

① 要用清洁、干燥的药匙取试剂，药匙的两端为大、小两个匙，分别用于取大量固体和取少量固体，应专匙专用。用过的药匙必须洗净擦干后才能再使用。

② 注意不要超过指定用量取药，多取的不能倒回原瓶，可放在指定的容器中共他人使用。

③ 要求取用一定质量的固体试剂时，可把固体放在干燥的纸上称量。具有腐蚀性或易潮解的固体应放在表面皿上或玻璃容器内称量。

④ 向试管（特别是湿试管）中加入固体试剂时，可用药匙或将取出的药品放在对折的纸片上，伸进试管约 2/3 处［见图 11-1（a）和图 11-1（b）］，然后竖直试管，使试剂落到试管底部。加入块状固体时，应将试管倾斜，使其沿管壁慢慢滑下［见图 11-1（c）］，以免碰破管底。

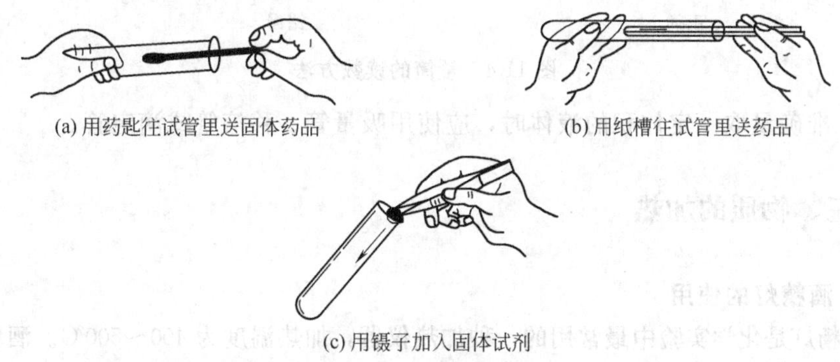

(a) 用药匙往试管里送固体药品　(b) 用纸槽往试管里送药品

(c) 用镊子加入固体试剂

图 11-1　固体试剂的取用

2. 液体试剂的取用

① 从滴瓶中取用液体试剂时，要用滴瓶中的滴管，滴管决不能伸入所用的容器中，以免接触器壁而沾污药品（见图 11-2）。如用滴管从试剂瓶中取少量液体试剂时，则需用附于该试剂瓶的专用滴管取用。装有药品的滴管不得横置或滴管口向上斜放，以免液体流入滴管的橡皮头中。

② 从细口瓶中取用液体试剂时，用倾注法。先将瓶塞取下，反放在桌面上，手握住试剂瓶上贴标签的一面，逐渐倾斜瓶子，让试剂沿着洁净的试管壁流入试管，或沿着洁净的玻璃棒注入烧杯中（见图 11-3）。倾注出所需量后，将试剂瓶口在容器上靠一下，再逐渐竖起瓶子，以免遗留在瓶口的液滴流到瓶的外壁。

图 11-2　滴液入试管的方法　　　　图 11-3　液体试剂的倾注

③ 粗略量取一定体积的液体时可用量筒。读取筒内液体体积的数据时，量筒必须垂直放平稳，以液面呈弯月形的最凹处与刻度的相切点为准，且使视线与量筒内液体面最低处保持在一个水平位置，偏高或偏低都会因读不准而造成较大的误差，如图 11-4 所示。倾注完毕，可使量筒接触容器壁使残留液滴流入容器。

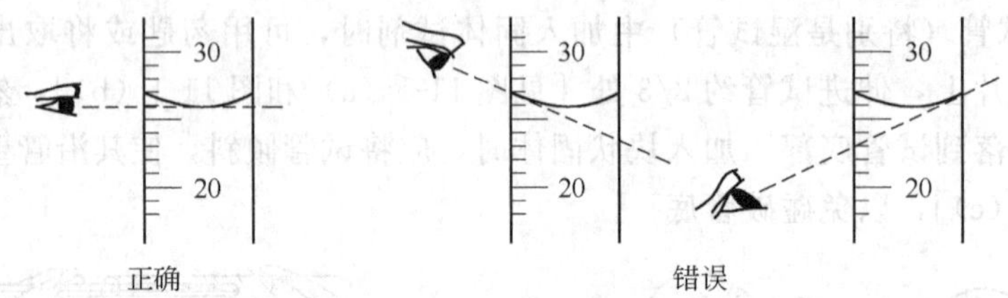

图 11-4　量筒的读数方法

④ 准确量取一定体积的液体时，应使用吸量管、移液管或滴定管。

三、物质的加热

1. 酒精灯的使用

酒精灯是化学实验中最常用的一种加热仪器，加热温度为 400～500℃。酒精灯的火焰分为 3 层（见图 11-5）即焰心、内焰（还原焰）、外焰（氧化焰），外焰燃烧最完全，温度最高，因此加热时应把受热器皿置于灯的内焰和外焰之间的位置上，此处加热效果最好。点燃酒精灯要用火柴，禁止灯与灯之间相互点燃，以免发生意外。熄灭酒精灯时不得用嘴去吹，可将灯罩盖上使火焰熄灭，然后再轻提一下灯罩即可。

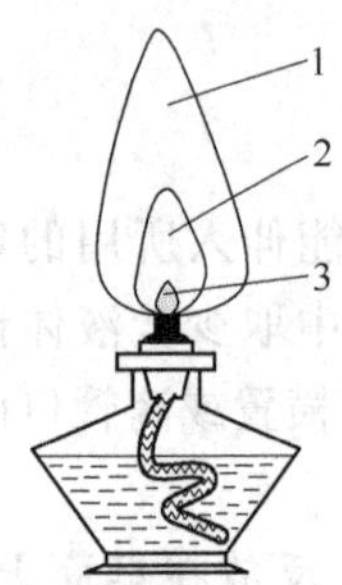

图 11-5　酒精灯的火焰结构
1—氧化焰；2—还原焰；3—焰心

酒精灯不使用时，必须将灯罩盖好，以免酒精挥发。当灯中酒精少于其容积的 1/4 时，需添加酒精。添加酒精时，必须先把火焰熄灭，然后用漏斗将酒精加入。灯内酒精量以不超过其容积的 2/3 为宜。酒精灯的构造及使用见图 11-6。

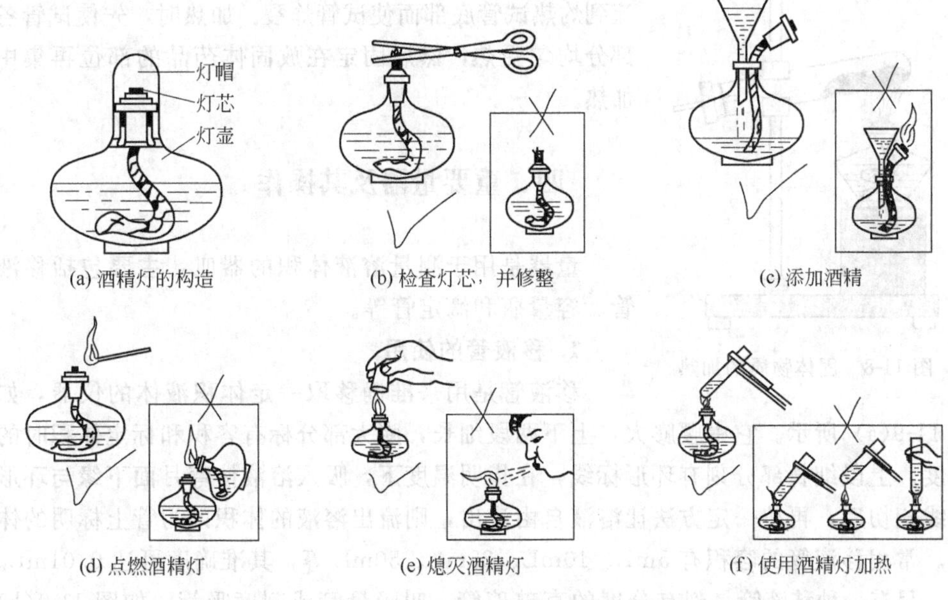

(a) 酒精灯的构造　(b) 检查灯芯，并修整　(c) 添加酒精
(d) 点燃酒精灯　(e) 熄灭酒精灯　(f) 使用酒精灯加热

图 11-6　酒精灯的构造及使用

2. 加热操作

实验室可用于加热的器皿有烧杯、烧瓶、试管、蒸发皿。这些仪器能承受一定的温度，但不能骤冷骤热。因此在加热前，必须将器皿外面的水擦干，加热后不能立即与潮湿的物体接触，用烧杯、烧瓶等玻璃仪器加热液体时，底部必须垫上石棉网，否则容易因受热不均而破裂。

① 加热液体时，液体不能超过容器容量的一半，用试管加热液体，如图 11-7 所示，液体的量不能超过试管总容量的 1/3，试管可直接放在火焰上加热，试管与桌面呈 45～60℃，试管口不能对着人。加热时应先均匀受热，然后小心地加热液体的中上部，慢慢移动试管，使其下部受热，并不时地上下移动或振荡试管，从而使液体各部位受热均匀，注意防止液体沸腾冲出，引起烫伤。

② 加热试管内的固体时，如图 11-8 所示，将固体试剂装入试管底部，铺平，并且

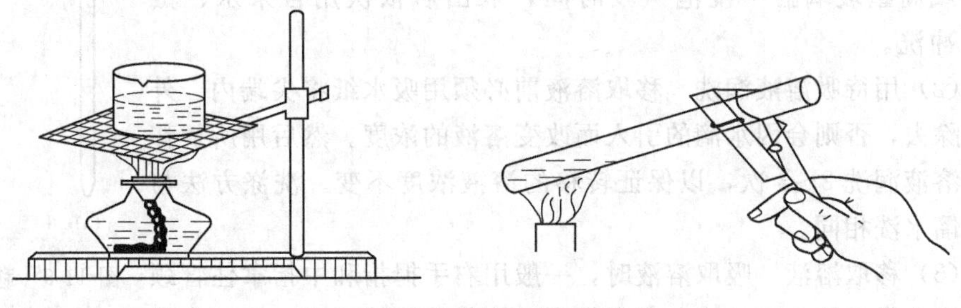

图 11-7　液体物质的加热

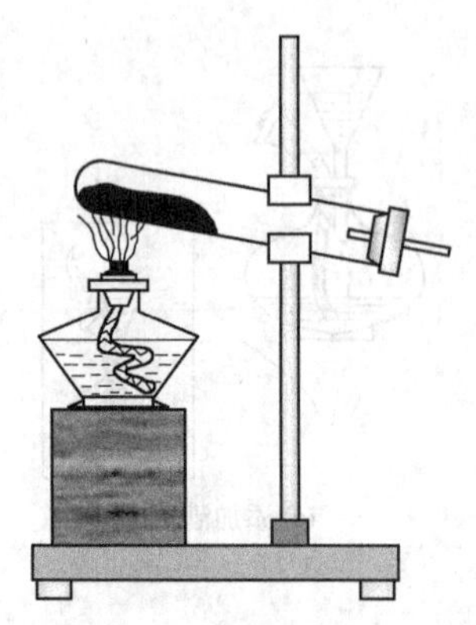

图 11-8 固体物质的加热

必须使试管口稍微向下倾斜，以免试管口冷凝的水珠倒流到灼热试管底部而使试管炸裂。加热时，先使试管各部分均匀受热，然后固定在放固体药品的部位再集中加热。

四、重要量器及其操作

量器是用于测量溶液体积的器皿，主要包括移液管、容量瓶和滴定管等。

1. 移液管的使用

移液管是用来准确移取一定体积液体的仪器，如图 11-9(a) 所示。它中腰膨大，上下两段细长，膨大部分标有容积和标定体积时的温度。上段细长部分刻有环形标线，在指明温度下，吸入溶液使弯月面下缘与环形标线相切后，再按一定方法让溶液自由流出，则流出溶液的体积即为管上标明的体积。常用移液管的容积有 5mL、10mL、25mL、50mL 等，其准确度可达 0.01mL。

另有一种移液管是刻有分度的直玻璃管，叫吸量管或刻度吸管，如图 11-9(b) 所示，一般只量取小体积的溶液。常用的吸量管容积分别为 1mL、2mL、5mL、10mL 等。由于吸量管带有分度，可以用来吸取不同体积的溶液，但准确度比中间带有膨大部分的移液管稍差。

(1) 移液管的洗涤　移液管用前需洗涤，洗涤方法一般先用自来水冲洗一次，若内壁不挂水珠，再用蒸馏水漂洗 2～3 次，每次用量约为该移液管容积的 1/3。洗涤时，用右手食指按住移液管口，左手持管的下端，把管横过来，转动移液管，使蒸馏水布满全管，然后把水从下口放出。

若移液管内有油污，可用铬酸洗液洗涤，即吸入约 1/3 容积的洗液，与用蒸馏水洗同样的操作，使洗液布满全管，将洗液放回原瓶。隔几分钟后用自来水充分冲洗，再用蒸馏水洗涤 2～3 次，若移液管内壁沾污严重，则应将其放入盛有洗液的大量筒或高型玻璃缸中浸泡一段时间，取出后依次用自来水、蒸馏水冲洗。

(2) 用待吸溶液润洗　移取溶液前必须用吸水纸将尖端内、外的水除去，否则会因水滴的引入而改变溶液的浓度。然后用所要移取的溶液润洗 2～3 次，以保证转移的溶液浓度不变。洗涤方法与用蒸馏水洗相同。

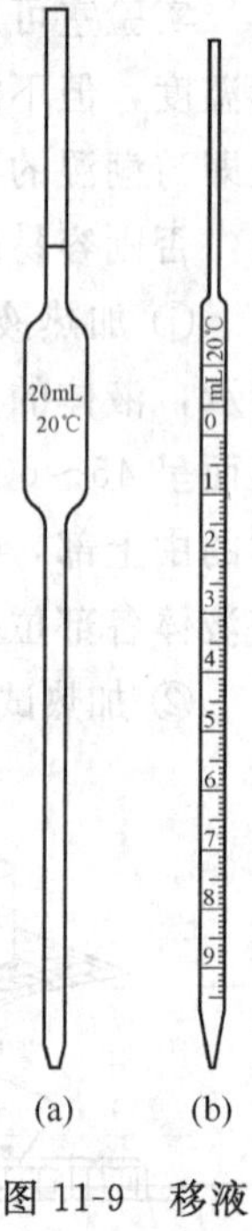

(a) (b)

图 11-9 移液管示意图

(3) 移取溶液　吸取溶液时，一般用右手拇指和中指拿住管颈标线以上靠近管上口处，空出食指准备堵住移液管上口。将移液管下部尖端插入溶液液面下 1～2cm。左手拿洗耳球，先把球内空气排出，然后把球的尖端接在移液管口，慢慢松开左手指使溶液吸入管内，如图 11-10 所示。当液面上升到标线以上时，迅速移去吸耳球，右手食指立即按住管上口。将管下部尖端移出液面，然后将管尖靠着盛溶液容器的内壁，略微放松食指并用拇指和中指轻轻转动移液管，使液面平稳下降，此时，眼睛应平视刻度，直到溶液的弯月面下缘与标线相切，立即按紧食指，使液体不再流出。取出移液管，插入承接溶液的容器中，使移液管垂直，接受容器倾斜 45°，管尖靠着容器内壁，放开食指，让溶液自由流出，如图 11-11 所示。待移液管内液面降至管尖后不再流出时，等 15s，取出移液管。这时尚可见管尖部仍留有少量液体。对此，除特别注明“吹”字的移液管外，不得将移液管内余液吹入接受器中，因为移液管的容积不包括末端残留液体的体积。

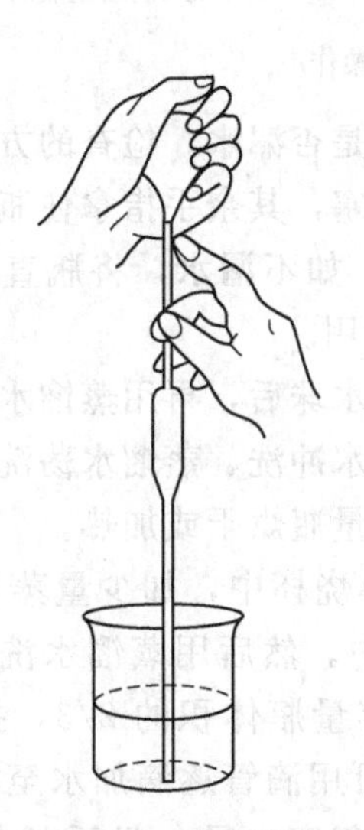

图 11-10 移取溶液

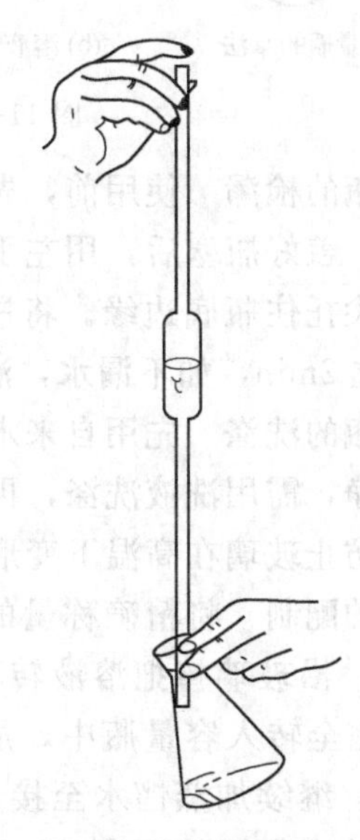

图 11-11 放液体姿势

(4) 用吸量管吸取溶液　用吸量管吸取溶液时，吸取溶液和调节液面至上端标线的操作与移液管相同。放溶液时，用食指控制管口，使液面慢慢下降，至与所需的刻度相切时，按住管口，移去接受容器。若吸量管的分刻度标至管尖，管上标有“吹”字，并且需要从最上面的标线放至管尖时，则在溶液流到管尖后，立即从管口轻轻吹一下即可。还有一种吸量管，分刻度标到离管尖尚差 1～2cm，使用这种吸量管时，应注意不要使液面降到刻度以下。在同一实验中应尽可能使用同一根吸量管的同一段，并且尽可能使用上面部分，而不用末端收缩部分。

移液管和吸量管用完后应放在移液管架上。如短时间内不再用它吸同一溶液，应立即用自来水冲洗，再用蒸馏水漂洗，然后放在移液管架上。

2. 容量瓶的使用

容量瓶是主要用来配制一定体积、一定浓度溶液的量器。容量瓶颈部的刻度线，表示在所指温度下，当瓶内液体到达刻度线时，其体积恰好与瓶上所注明的体积相等。容量瓶的使用如图 11-12 所示。

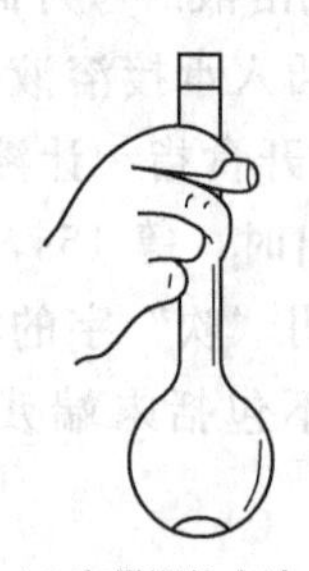

(a) 容量瓶的拿法

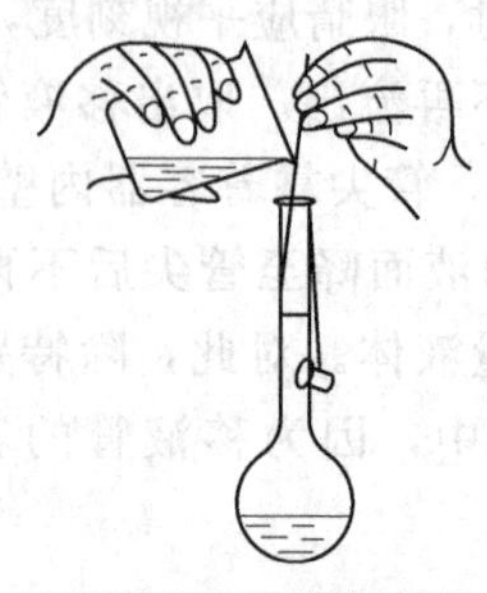

(b) 溶液转入容量瓶的操作

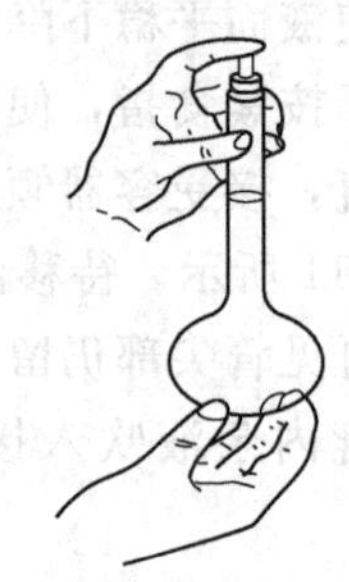

(c) 混匀时容量瓶的拿法

图 11-12　容量瓶的操作

(1) 容量瓶的检漏　使用前，先检查容量瓶是否漏水。检查的方法是：加自来水至标线附近，盖好瓶塞后，用左手食指按住瓶塞，其余手指拿住瓶颈标线以上部分，右手用指尖托住瓶底边缘。将瓶倒立 2min，如不漏水，将瓶直立，转动瓶塞 180°后，再倒立 2min，如不漏水，洗净后即可使用。

(2) 容量瓶的洗涤　先用自来水冲洗至不挂水珠后，再用蒸馏水荡洗 3 次后备用。若不能洗净，需用洗液洗涤，再依次用自来水冲洗、蒸馏水荡洗。容量瓶系有刻度仪器，为防止玻璃在高温下变形，不许将容量瓶烘干或加热。

(3) 溶液的配制　将精确称量的试剂放入小烧杯中，加少量蒸馏水，搅拌使之完全溶解后，沿玻璃棒把溶液转移到容量瓶中。然后用蒸馏水洗涤小烧杯 3～4 次，将洗液完全转入容量瓶中，加蒸馏水至容量瓶体积的 2/3，按水平方向旋摇容量瓶数次，继续加蒸馏水至接近标线时，可用滴管逐滴加水至溶液的弯月面与标线相切为止。最后旋紧瓶塞，用食指压住瓶塞，另一只手托住容量瓶底部(要注意只用手指)，倒转容量瓶，反复多次，以保证溶液充分混合均匀。应当注意的是，若固体试剂需加热溶解，或物质溶解时放热，应冷却至室温后再加入到容量瓶中。

3. 滴管的使用

滴管的使用方法见第五章第四节。

五、物质的称量

(一) 托盘天平的使用

托盘天平又称台天平或台秤，如图 11-13 所示，常用于精确度不高的称量，能称准至 0.1g（有的可称准至 0.01g）。

使用托盘天平前需先把游码放在刻度尺的零处，并将左、右两秤盘擦拭干净，然后按下列步骤操作。

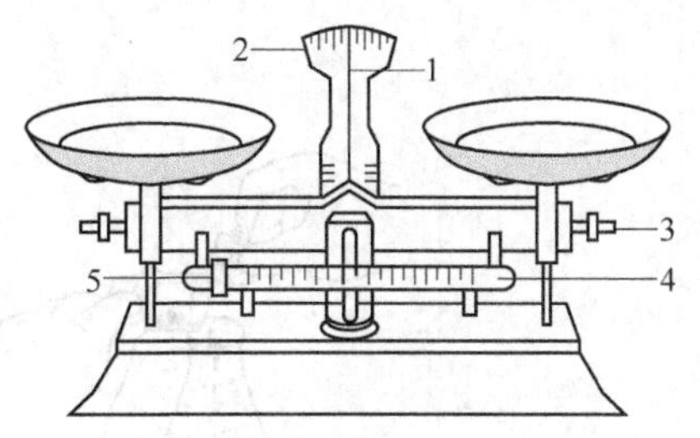

图 11-13 托盘天平

1—天平指针；2—刻度盘；3—螺旋钮；4—游码标尺；5—游码

1. 零点调整

当左、右托盘中未放物体（空载）时，如指针不在标尺中央刻度线附近时，可用零点调节螺丝进行调节，直至指针在标尺上左右摇动的格数基本相等为止。

2. 称量

为避免天平托盘受腐蚀，称量物应放在已称量的纸或表面皿上，潮湿的或具有腐蚀性的药品则应放在玻璃容器内。用托盘天平不能称热的物品。

称量时，待称量物应放在左盘，砝码放右盘。10g（或 5g）以下的砝码是通过移动游码标尺上的游码来添加的，10g（或 5g）以上的砝码用砝码盘中的砝码添加。砝码要用镊子取用。添加砝码应从大到小，直至指针指示的位置与零点基本相符（偏差不超过一格）。记下砝码和游码的量值，两者之和即为称量物的质量。

3. 复原

称量完毕，应将砝码放回盒内，刻度尺上的游码移到零刻度，并将两托盘擦拭干净。

（二）固体物质的称量方法

固体物质常用的称量方法有直接称量法、减量称量法和固定称量法。

1. 直接称量法

将欲称量的物体直接放在天平上进行称量，如称量表面皿、称量瓶和烧杯等。

如果要称量一些药品，可以先称准表面皿、称量瓶等器皿的质量，再把药品放入器皿后称量，两次称量之差即为药品的质量。

2. 减量称量法

对于一些易吸湿或者易与空气作用而发生变化的物质，可以利用称量瓶来装试样，在天平上称取适当质量，然后取出称量瓶，打开称量瓶盖，用瓶盖轻轻敲打称量瓶，把所需的试样倒入容器，然后盖上称量瓶盖，再称其质量，两次质量之差即为样品质量。

拿取称量瓶和瓶盖时，应用洁净的纸条围住（见图 11-14），避免手指接触，沾污称量瓶而造成误差。

3. 固定称量法

此法用于称取指定质量的试样，要求试样不易吸水，在空气中稳定，如金属、矿石等。先称器皿的质量，并记录平衡点；然后在右盘增加指定称取质量的砝码，左盘的器皿中加入略少于指定称取质量的物质，然后再一点一点地增加称量物，使

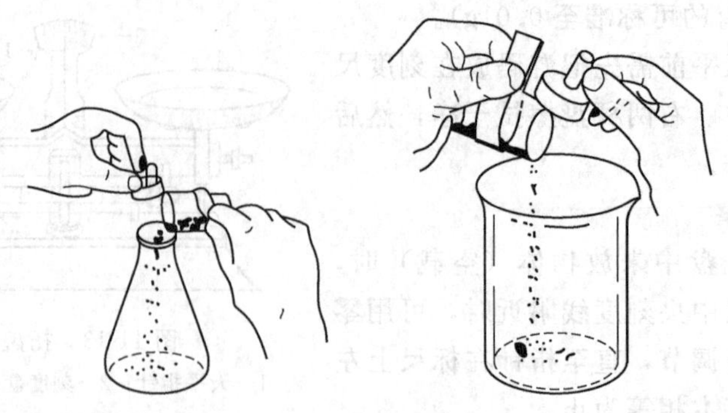

图 11-14　从称量瓶中敲出试样

其平衡点与称量器皿时的平衡点一致，器皿中的物质即是所要称量的。

六、实验报告的书写

正确书写实验报告是化学实验的主要内容之一，实验报告要完整，准确报告实验目的、实验原理、实验用品、实验步骤、实验现象及数据、实验结论和注意事项，应根据实验现象进行分析、解释，得出正确的结论，写出反应方程式，或根据记录的数据进行计算，并将计算结果与理论值比较，分析产生误差的原因。实验步骤应尽量用简图、表格、化学式、符号等表示。

实验现象和数据要如实记录，做到科学、严谨、简洁、明确。

附：实验报告的一般格式

实验报告

年级_____专业________班________姓名________日期________指导教师_______

实验名称____

一、实验目的

二、实验原理

三、实验用品

1. 主要仪器

2. 主要试剂

四、实验内容

五、数据处理

六、问题与讨论

七、附注

第五节　学 生 实 验

实验一　玻璃仪器的洗涤练习

一、实验目的

① 掌握常用玻璃仪器的洗涤方法。
② 熟知玻璃仪器的洁净标准。

二、实验原理

根据污物的性质，采用溶解、乳化、发生反应的方法将玻璃仪器上的污物除掉。

三、实验用品

① 主要仪器：试管、毛刷、移液管、洗耳球等。
② 主要试剂：洗衣粉、铬酸钾洗液、自来水、蒸馏水等。

四、实验内容

1. 试管的洗涤

试管的洗涤过程如图 11-15 所示，具体内容见本章第四节——玻璃仪器的洗涤。

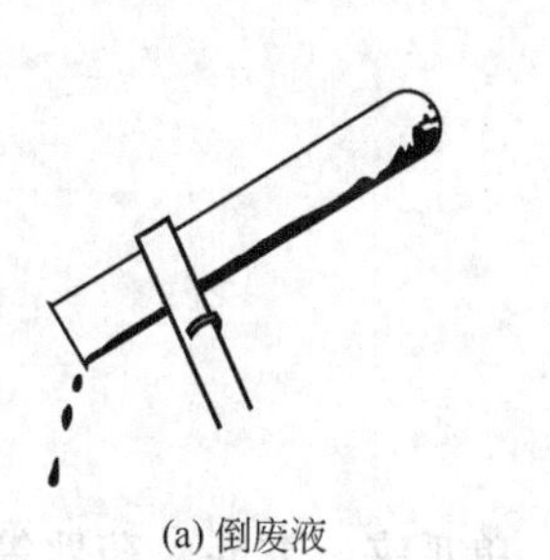
(a) 倒废液

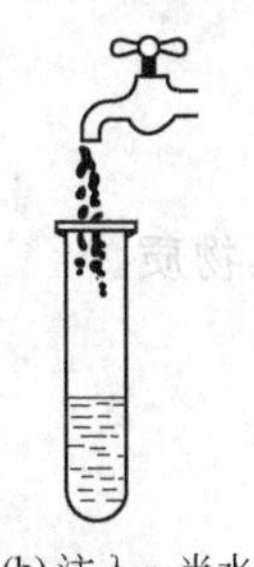
(b) 注入一半水

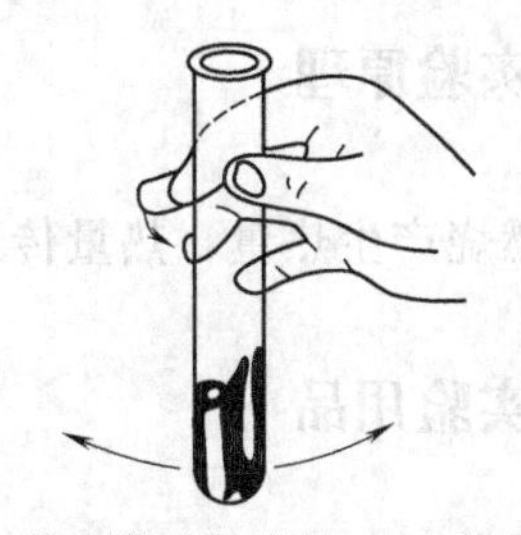
(c) 腕动臂不摇，朝同一方向稍用力

图 11-15

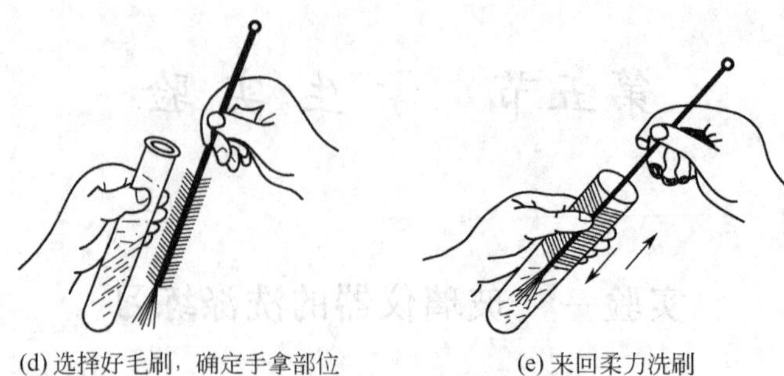

(d) 选择好毛刷，确定手拿部位　　(e) 来回柔力洗刷

图 11-15　试管的洗涤过程示意图

刷洗后，再用自来水连续振荡数次，检查试管是否已洗净，（洁净的标准是试管内壁附着的水均匀分布，既不聚成水滴，也不成股下流。）若已洗净，用蒸馏水洗涤 3 次后干燥备用，否则应重新洗涤。

2. 移液管的洗涤

对于量器或口小管细的玻璃仪器，不使用刷子刷洗，可先用洗液浸泡，然后再用水清洗。具体方法见本章第四节——重要量器及其操作部分。

五、问题与讨论

刷洗玻璃仪器选用毛刷时应注意哪些问题？

实验二　物质加热的操作练习

一、实验目的

① 了解酒精灯的构造，正确掌握其使用方法。

② 掌握利用试管加热物质的正确方法和注意事项。

二、实验原理

酒精燃烧产生热量，热量传递给受热物质。

三、实验用品

① 主要仪器：酒精灯、试管、试管夹、铁架台、单爪夹、漏斗、药匙等。

② 主要试剂：工业酒精、蒸馏水、碳酸氢钠、火柴等。

四、实验内容

1. 酒精灯的使用

① 检查酒精灯是否完好，灯芯顶端是否平整或烧焦，如果需要，进行调换和修整。

② 向酒精灯内添加酒精，不超过酒精灯容积的 2/3。

③ 酒精灯的具体使用方法见本章第四节——物质的加热。

2. 试管中的液体加热练习

取一支试管，注入其容积 1/3 的蒸馏水，用试管夹夹住距管口约 1/3 处，点燃酒精灯做加热操作练习，注意试管的倾斜度和管口的方向，详见本章第四节——物质的加热。试管中液体加热如图 11-16 所示。

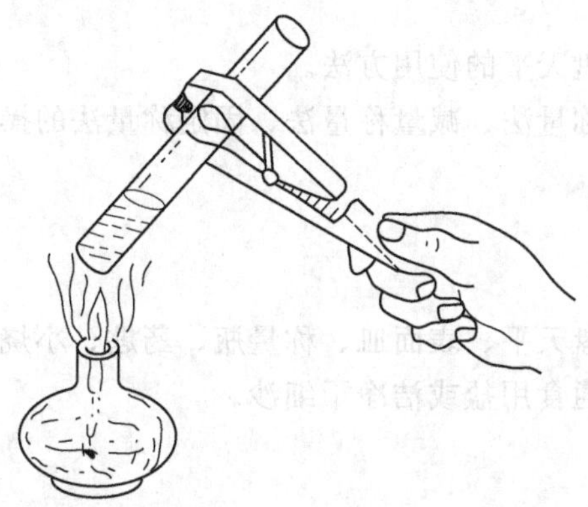

图 11-16　试管中液体加热示意图

3. 试管中固体物质加热练习

取一支洁净干燥的试管，取两药匙碳酸氢钠装入试管底部，铺平，固定在铁架台上，必须使试管口稍微向下倾斜，并使试管底部与酒精灯距离合适。然后，点燃酒精灯，先使试管各部分均匀受热，然后固定在放固体药品的部位再集中加热。观

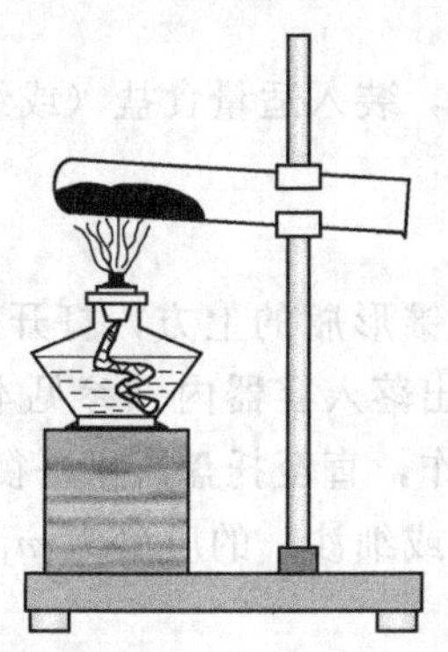

图 11-17　试管中固体物质加热示意图

察发生的现象。试管中固体物质加热如图 11-17 所示。

五、问题与讨论

① 给试管里的液体加热时为什么要不时地摇动试管?

② 给试管里的固体加热时为什么要求试管口稍微向下倾斜?(结合实验现象说明)

实验三　物质的称量练习

一、实验目的

① 了解并掌握托盘天平的使用方法。

② 初步掌握直接称量法、减量称量法、固定称量法的操作方法。

二、实验用品

① 主要仪器:托盘天平、表面皿、称量瓶、药匙、小烧杯。

② 主要试剂:普通食用盐或洁净干细沙。

三、实验内容

1. 观察托盘天平，理解各部件的作用

放平天平，调节好零点。预习托盘天平的使用方法及注意事项。

2. 直接称量法称量练习

在托盘天平上准确称出表面皿、称量瓶及小烧杯的质量。

3. 减量称量法称量练习

① 取一洁净、空的称量瓶，装入适量食盐(或细沙)，在托盘天平上准确称其总质量，记录称量值为 m_1。

② 减少砝码 2.0g。

③ 将称量瓶拿到小烧杯或锥形瓶的上方，打开盖子并用盖子轻敲称量瓶的上方使少量食盐(或细沙)被震出落入容器内(参见本章第四节相关内容)。再放到托盘天平上称量，如此反复操作，直至托盘天平平衡。记录称量值 m_2。

④ 计算。容器中的食盐(或细沙)的质量为 m_1-m_2。

4. 固定称量法称量练习

① 调整托盘天平零点。

② 在托盘天平左盘放上表面皿或小烧杯，右盘添加砝码使天平平衡，记录砝码质量 m_1。

③ 在托盘天平右盘增加 2.0g 砝码。

④ 用药匙向左盘上的容器内逐渐添加食盐（或细沙），待天平趋于平衡时（此时右盘砝码质量稍大），极其小心地用右手持盛有药品的药匙，伸向容器的正上方约 2～3cm 处，用右手拇指、中指以及掌心拿稳药匙，用食指轻弹（最好是摩擦）药匙，让勺里的试样以非常缓慢的速度抖入到容器内，直至天平平衡。记录砝码质量 m_2。

⑤ 此时容器内的食盐（或细沙）的质量即为 $m_2-m_1=2.0$g。

四、实验结果

直接称量法

称　量　物	物　品　质　量
表面皿	
称量瓶	
小烧杯	

减量称量法

记录项目 \ 序次	1号	2号	3号
m_1(称量瓶＋试样)/g			
m_2(倾出试样后称量瓶＋试样)/g			
m_1-m_2(试样质量)/g			

固定称量法

记录项目 \ 序次	1号	2号	3号
m_1(容器质量)/g			
m_2(容器＋样品质量)/g			
m_2-m_1(样品质量)/g			

五、问题与讨论

① 能否用托盘天平称量热的物品，为什么？

② 称量氢氧化钠时能否使用称量纸，为什么？

实验四　移液管和容量瓶的基本操作

一、实验目的

① 学习掌握移液管的使用方法。

② 学习掌握容量瓶的使用方法。

二、实验用品

① 主要仪器：移液管（25mL）、容量瓶（100mL）、小烧杯（100mL）、锥形瓶（250mL）、玻璃棒、胶头滴管、洗耳球、洗瓶等。

② 主要试剂：蒸馏瓶、自来水等。

三、实验内容

1. 移液管的操作练习

① 洗涤移液管，并练习润洗移液管的操作方法。

② 在一烧杯中加入 100mL 蒸馏水或自来水，每次向另一锥形瓶移取 25mL，反复练习，直至熟练掌握。

③ 移液管的使用方法及注意事项参见本章第四节——重要的仪器及其操作。

2. 容量瓶的操作练习

① 检查容量瓶是否漏水。

② 洗涤容量瓶。

③ 用自来水或蒸馏水代替溶液进行向容量瓶中转移的操作练习。

④ 反复练习液面调整（定容）和摇匀的操作。

⑤ 容量瓶的使用方法和注意事项参见本章第四节——主要仪器及其操作。

四、问题与讨论

① 玻璃仪器洗净的标志是什么？

② 用移液管量取溶液时，遗留在管尖内的少量溶液应如何处理？为什么？

实验五　一定物质的量浓度溶液的配制

一、实验目的

① 熟练掌握容量瓶、托盘天平、量筒和胶头滴管的使用。

② 通过配制一定物质的量浓度溶液，掌握溶解、转移、洗涤、定容等基本的实验操作技能。

二、实验原理

溶液的物质的量浓度是指1L溶液中所含溶质的物质的量。因此在配制此种溶液时，首先要根据所配制溶液的物质的量浓度和配制总体积，正确计算出所需溶质的质量。一般情况下，固体试剂直接称量在洁净的小烧杯中，液体试剂则根据稀释前后溶液中溶质的物质的量不变的原则，利用公式 $c_{浓}v_{浓}=c_{稀}v_{稀}$ 计算出所需液体试剂的体积，用量筒量取。然后通过溶解、冷却、转移、洗涤、定容、摇匀等操作，完成溶液配制。

三、实验用品

① 主要仪器：量筒（10mL）、烧杯（100mL）、容量瓶（100mL、250mL）、玻璃棒、托盘天平、药匙、滴瓶、胶头滴管、洗瓶等。

② 主要试剂：溶液为 1.19g/cm^3，质量分数为37%的浓盐酸、固体KCl、蒸馏水等。

四、实验内容

(1) 用固体KCl配制250mL物质的量浓度为0.2mol/L的KCl溶液

① 计算配制250mL 0.2mol/L KCl溶液需固体KCl ______g。

② 用固定称量法在托盘天平上把所需固体KCl称量在清洁干燥的100mL烧杯中。

③ 向烧杯中加入约100mL蒸馏水，用玻璃棒搅动使其全部溶解，冷却至室温。

④ 将冷却后的KCl溶液转移至250mL容量瓶中，经洗涤，定容至容量瓶刻

度，然后把瓶塞塞好，上下反复颠倒使溶液充分混匀。

⑤ 配好的溶液如需存放，可转移至事先洗净烘干或用配好的 KCl 溶液充分润洗 3 次的试剂瓶中，然后贴上填好详细内容的标签。

(2) 用密度为 $1.19g/cm^3$，质量分数为 37%的浓盐酸配制 0.5mol/L 的 HCl 溶液 100mL

① 计算配制 100mL 0.5mol/L HCl 溶液需浓盐酸____mL。

② 用 10mL 量筒量取计算体积的浓盐酸，倒入盛有 50mL 蒸馏水的烧杯中搅拌均匀，然后用洗瓶挤出少量蒸馏水将量筒洗涤 2～3 次，并将洗涤液倒入烧杯中。

③ 溶液冷却至室温后转移至 100mL 容量瓶中，经定容、摇匀等操作后即得 100mL 0.5mol/L HCl 溶液。

五、配制溶液注意事项

① 盛放溶液的试剂瓶上的标签，应写明所盛溶液的名称、浓度、配制日期和配制者姓名。

② 配制硫酸溶液时，取用浓硫酸必须十分小心，只能将浓硫酸在不断搅拌下缓慢地加入水中，切不可将水加入到浓硫酸中，以防硫酸溅出造成灼伤。

③ 浓硫酸、浓硝酸等具有强氧化性和强腐蚀性，取用时要格外小心细致，避免洒到容器外壁及实验台上。一旦不慎触及皮肤或衣物，应立即用大量水冲洗。

六、问题与讨论

① 用容量瓶配制溶液时，是否需要事先把容量瓶洗净干燥？为什么？

② 配制的溶液转移前为什么要冷却至室温？

实验六　中和滴定操作练习

一、实验目的

① 初步掌握滴定操作及对滴定终点的观察。

② 通过实验进一步理解中和滴定的原理和计算方法。

二、实验原理

酸碱滴定反应的实质是：

$$H^+ + OH^- \xlongequal{} H_2O$$

当酸碱中和反应完全时，有 a 酸 $+b$ 碱 $\xlongequal{}$ c 盐 $+d$ 水

得
$$\frac{a}{b}=\frac{c_{酸}V_{酸}}{c_{碱}V_{碱}}$$

这样将一种已知准确浓度的酸（或碱）溶液（称标准溶液）滴加到被测碱（或酸）溶液中，或将待测酸（或碱）溶液滴加到已知准确浓度的碱（或酸）溶液中，直到反应完全为止，就可以根据实验中获得的数据求出待测溶液的浓度。

中和反应滴定终点借助指示剂颜色的变化来确定。一般强碱滴定强酸常用酚酞作为指示剂，而强酸滴定强碱常使用甲基橙作为指示剂。

三、实验用品

① 主要仪器：酸式滴定管（50mL）、碱式滴定管（50mL）、滴定管夹、烧杯、锥形瓶、铁架台、白纸等。

② 主要试剂：0.2000mol/L HCl 溶液，未知浓度的 NaOH 溶液、酚酞指示剂、甲基橙指示剂、蒸馏水。

四、实验内容

① 检查实验仪器是否完好和洁净，必要时进行相关处理。确保仪器符合实验要求。

② 用蒸馏水练习滴定管装溶液的操作。要求能熟练操作。

③ 排尽滴定管中的蒸馏水，用标准的 0.2000mol/L HCl 溶液 3～5mL 润洗酸式滴定管 2～3 次，同样用待测浓度的 NaOH 溶液把碱式滴定管润洗 2～3 次。然后把滴定管分别装入酸、碱溶液，排除气泡后使液面处在“0”或“0”以下某一刻度处，固定在铁架台上。记录准确读数。

④ 用酸式滴定管向锥形瓶中注入 25.00mL 0.2000mol/L HCl 标准溶液，滴入 2 滴酚酞试液，此时溶液为无色。

⑤ 把锥形瓶放在碱式滴定管的下面，瓶下垫一张白纸或白瓷板，小心地滴入碱溶液，边滴边摇动锥形瓶，直到因加入一滴碱后，溶液颜色从无色刚好变为粉红色为止，记下滴定管液面的刻度读数。把锥形瓶里的溶液倒掉，用蒸馏水洗涤干净，重复操作一次。

⑥ 用碱式滴定管向洁净的锥形瓶里注入待测浓度的 NaOH 溶液 25.00mL，再滴入 2 滴甲基橙试液，这时溶液呈淡黄色。然后把锥形瓶放在酸式滴定管下面进行

滴加酸液的操作，直至因加入最后一滴酸后，溶液颜色恰好由黄色变为橙色为止。记录下滴定管液面的刻度读数。重复操作一次。

五、实验结果

根据实验记录，依次填写下列表格，取平均值计算待测 NaOH 溶液的物质的量浓度。

滴定次数	消耗待测碱溶液的体积			0.2000mol/L HCl 溶液体积		
	滴定前刻度	滴定后刻度	体积/mL	初始刻度	放液后刻度	体积/mL
第一次						25.00
第二次						25.00

待测 NaOH 溶液的物质的量浓度为________ mol/L。

滴定次数	待测碱溶液的体积			消耗 0.2000mol/L HCl 溶液体积		
	初始刻度	放液后刻度	体积/mL	滴定前刻度	滴定后刻度	体积/mL
第一次			25.00			
第二次			25.00			

待测 NaOH 溶液的物质的量浓度为________ mol/L。

六、问题与讨论

① 滴定用的锥形瓶是否需要用待装溶液润洗？

② 比较两种滴定方法的结果，解释产生差异的原因。

实验七　卤族元素的性质实验

一、实验目的

① 了解氯水的氧化漂白性。

② 通过卤素之间的置换反应，比较卤族元素的活泼性，进一步理解元素的性质与元素原子结构之间的关系。

③ 了解碘与淀粉之间的反应。

二、实验原理

元素原子的结构决定元素化学性质的活泼性。

三、实验用品

① 主要仪器：试管、药匙、胶头滴管等。

② 主要试剂：氯水、新红布（纸）条、溴水、淀粉溶液、碘晶体、0.1mol/L NaBr 溶液、0.1mol/L KI 溶液、蒸馏水等。

四、实验内容

1. 氯水的氧化漂白作用

把红布（纸）条用蒸馏水润湿，用滴管向上面滴几滴氯水。观察到布（纸）条颜色的变化情况为____________________，说明氯水有____________。

2. 氯、溴、碘性质的比较

① 取两支洁净的试管，分别加入少量的氯水和溴水，然后再加入少量的碘化钾溶液，振荡，观察到试管中溶液颜色的变化情况为______________，再分别滴加 1～2 滴淀粉溶液，振荡并观察到现象为______________，有关化学反应的方程式为______________。

② 取两支洁净的试管，在其中一支中加入少量氯水，在另一支中加入少量自制碘水，再向两支试管中都加入少量溴化钠溶液，振荡并观察到发生的现象为________________，有关的化学反应方程式为________________。

通过以上实验，说明氯、溴、碘 3 种元素的化学活泼性顺序为________。

3. 碘与淀粉的反应

取两支洁净的试管，各加入淀粉 1mL 左右，然后在一支试管中加入自制碘水 1～2 滴，在另一支试管中加入 1～2 滴碘化钾溶液，振摇，观察到发生的现象为__________，上述现象说明__________。

五、问题与讨论

① 用碘化钾淀粉试纸能否检验氯气的存在？

② 用碘化钾淀粉试纸能否直接检验氯化钠溶液中氯离子的存在？为什么？

③ 怎样证明食物中有淀粉存在？

实验八　葡萄糖、蔗糖、淀粉的性质实验

一、实验目的

验证糖类物质的主要化学性质，巩固对葡萄糖、蔗糖、淀粉的认识。

二、实验原理

葡萄糖是单糖，属多羟基醛，具有醛类物质性质。蔗糖、淀粉本身不具有醛类性质，在一定条件下经水解可转变为单糖。

三、实验用品

① 主要仪器：试管、试管夹、烧杯、滴管、酒精灯、火柴。

② 主要试剂：10％$AgNO_3$ 溶液、2％氯水、5％ $CuSO_4$ 溶液、浓盐酸、碘溶液、热水。

四、实验内容

① 在 3 支洁净的试管中各加入 1mL $AgNO_3$ 溶液，然后一边摇动试管，一边逐滴滴入氨水，直到析出的沉淀恰好溶解为止。然后分别向第一支试管中加入 1～2mL 葡萄糖溶液，向第二支试管中加入 1～2mL 蔗糖溶液，向第三支试管中加入 1～2mL 淀粉溶液，充分混合后，同时放在 60℃的水浴中加热数分钟，观察到发生的现象为____________________。

② 取两支洁净的试管，一支试管中加入 4mL 蔗糖溶液，另一支试管中加入 4mL 淀粉溶液，再各加入两滴浓盐酸摇匀，然后放在沸水浴中加热，直至取出少量淀粉溶液，用碘溶液试验不变色，分别用 NaOH 溶液中和至弱碱性。

取另两支洁净的试管，各加入 2～3mL NaOH 溶液，再加入几滴 $CuSO_4$ 溶液，观察现象。然后向其中一支逐滴加入 2mL 水解后的蔗糖溶液，边加边振荡试管；向另一支逐滴加入已水解的淀粉溶液，边加边振荡试管。然后用酒精灯分别给试管中的物质加热，观察到发生的现象为____________________。

五、问题与讨论

① 做银镜反应实验时，为什么要用水浴加热而不能直接用火焰加热？

② 根据实验结果，说明蔗糖和淀粉水解后的产物各是什么？

实验九　蛋白质的性质实验

一、实验目的

通过实验进一步巩固对蛋白质性质的认识。

二、实验原理

蛋白质是由几十个甚至成千上万个氨基酸分子相互连接起来组成的生物高分子化合物。其结构复杂，由于分子中官能团的相互影响，具有一些特殊的性质。

三、实验用品

① 主要仪器：试管、试管夹、烧杯、滴管、玻璃棒、镊子、纱布、酒精灯、火柴。

② 主要试剂：20%鸡蛋白的水溶液、$(NH_4)_2SO_4$ 饱和溶液、10% $CuSO_4$ 溶液、甲醛溶液、浓硝酸、豆腐、纯棉线、纯毛线（或动物羽毛）、蒸馏水等。

四、实验内容

1. 蛋白质的灼烧

分别点燃一小段棉线和纯绒毛（或动物羽毛），观察到的现象为（注意闻气味）________________________。

2. 蛋白质的盐析

在一支试管里加入 1～2mL 鸡蛋白的水溶液，然后加入少量 $(NH_4)_2SO_4$ 饱和溶液，观察到发生的现象为____________。把该少量沉淀加入到另一支盛有蒸馏水的试管里，轻轻振摇，观察此沉淀是否溶解，结论是____________。

3. 蛋白质的变性

① 在一支试管里加入 2mL 鸡蛋白的水溶液，加热，观察到发生的现象为__________。把试管里下层物质取出一些放在盛有蒸馏水的试管中，振荡，观察到的现象为__________。

② 在一支试管里加入 2mL 鸡蛋白的水溶液，然后加入 1mL $CuSO_4$溶液，观察到反应的现象为________________________。把少量沉淀放入盛有蒸馏

水的试管里，振荡，观察沉淀是否溶解，结论是______________________。

③ 在一支试管里加入 2mL 鸡蛋白的水溶液，然后加入 2mL 甲醛溶液，观察到的现象为______________________。把少量沉淀放入盛有蒸馏水的试管里，振荡，观察沉淀是否溶解，结论是______________________。

4. 蛋白质的颜色反应

在一支试管里加入少量鸡蛋白的水溶液，然后滴入几滴浓硝酸，微热，观察到的现象为______________________。

5. 食物中蛋白质的检验

取 5g 豆腐，放在烧杯中，再加入 10mL 蒸馏水，用玻璃棒搅拌，将豆腐全部捣碎，然后用纱布过滤，得白色豆腐滤渣。取少量放入试管中，滴加少量浓硝酸，加热，观察到的现象为______________________。

五、问题与讨论

① 蛋白质盐析和变性有什么区别?

② 列举几个日常生活中利用蛋白质变性制作的食品。

附 录

附录A 国际单位制（SI）基本单位及常用单位换算

表 A-1 SI 基本单位

量的名称	单位名称	单位符号	量的名称	单位名称	单位符号
长度	米	m	热力学温度	开[尔文]	K
质量	千克(公斤)	kg	物质的量	摩[尔]	mol
时间	秒	s	发光强度	坎[德拉]	cd
电流	安[培]	A			

表 A-2 常用单位换算

1 米(m)＝100 厘米(cm)＝10^3 毫米(mm)＝10^6 微米(μm)＝10^9 纳米(nm)＝10^{12} 皮米(pm)
1 大气压(atm)＝1.01325 巴(Bars)＝1.01325×10^5 帕(Pa)＝760 毫米汞柱(mmHg)(0℃)＝1033.26 厘米水柱(cmH_2O)(4℃)
1 大气压·升＝101.33 焦耳(J)＝24.202 卡(cal)
1 卡(cal)＝4.1840 焦耳(J)＝4.1840×10^7 尔格(erg)
1 电子伏特(eV)＝1.602×10^{-19} 焦(J)＝23.06 千卡·摩$^{-1}$(kcal·mol^{-1})
0℃＝273.15K

附录B 常用酸碱溶液的相对密度、质量分数、质量浓度和物质的量浓度

化学式(20℃)	相对密度	质量分数/%	质量浓度/(g/cm^3)	物质的量浓度/(mol/L)
浓 HCl	1.19	38.0		12
稀 HCl			10	2.8
稀 HCl	1.10	20.0		6
浓 HNO_3	1.42	69.8		16
稀 HNO_3			10	1.6
稀 HNO_3	1.2	32.0		6
浓 H_2SO_4	1.84	98		18
稀 H_2SO_4			10	1

续表

化学式(20℃)	相对密度	质量分数/%	质量浓度/(g/cm³)	物质的量浓度/(mol/L)
稀 H_2SO_4	1.18	24.8		3
浓 HAc	1.05	90.5		17
HAc	1.045	36～37		6
$HClO_4$	1.47	74		13
H_3PO_4	1.689	85		14.6
浓 $NH_3 \cdot H_2O$	0.90	25～27(NH_3)		15
稀 $NH_3 \cdot H_2O$		10(NH_3)		6
稀 $NH_3 \cdot H_2O$		2.5(NH_3)		1.5
NaOH	1.109	10		2.8

附录C 常见酸、碱和盐的溶解性表（20℃）

阴离子／阳离子	OH^-	NO_3^-	Cl^-	SO_3^{2-}	S^{2-}	SO_4^{2-}	CO_3^{2-}	SiO_3^{2-}	PO_4^{3-}
H^+	—	溶、挥	溶、挥	溶	溶、挥	溶、挥	溶、挥	微	溶
NH_4^+	溶、挥	溶	溶	溶	溶	溶	溶	溶	溶
K^+	溶	溶	溶	溶	溶	溶	溶	溶	溶
Na^+	溶	溶	溶	溶	溶	溶	溶	溶	溶
Ba^{2+}	溶	溶	溶	不	—	不	不	不	不
Ca^{2+}	微	溶	溶	微	—	不	不	不	不
Mg^{2+}	不	溶	溶	溶	—	微	微	不	不
Al^{3+}	不	溶	溶	溶	—	—	—	不	不
Mn^{2+}	不	溶	溶	溶	不	不	不	不	不
Zn^{2+}	不	溶	溶	溶	不	不	不	不	不
Cr^{3+}	不	溶	溶	溶	—	—	—	不	不
Fe^{2+}	不	溶	溶	溶	不	不	不	不	不
Fe^{3+}	不	溶	溶	溶	—	—	不	不	不
Sn^{2+}	不	溶	溶	溶	不	—	—	—	不
Pb^{2+}	不	溶	微	不	不	不	不	不	不
Bi^{2+}	不	溶	—	溶	不	不	不	—	不
Cu^{2+}	不	溶	溶	溶	不	不	不	不	不
Hg^+	—	溶	不	微	不	不	不	—	不
Hg^{2+}	—	溶	溶	溶	不	不	不	—	不
Ag^+	—	溶	不	微	不	不	不	不	不

注：“溶”表示可溶于水；“不”表示不溶于水；“微”表示微溶于水；“挥”表示挥发性；“—”表示该物质不存在或遇到水就分解了。

参 考 文 献

[1] 刘尧主编．化学（基础版）．北京：高等教育出版社，2001.
[2] 谷亨杰，吴泳，丁金昌主编．有机化学．北京：高等教育出版社，1990.
[3] 汪小兰主编．有机化学．第2版．北京：高等教育出版社，1987.
[4] 人民教育出版社化学室主编．化学1、2、3册（高中版）．第2版．北京：人民教育出版社，2000.
[5] 北京师范大学无机化学教研室编．无机化学实验．第2版．北京：高等教育出版社，1991.
[6] 卢建国，曹凤云主编．基础化学实验．北京：清华大学出版社，交通大学出版社，2005.
[7] 初玉霞主编．化学实验技术基础．北京：化学工业出版社，2002.

元 素 周 期 表

IUPAC 2013

氧化态(单质的氧化态为0，未列入；常见的为红色)：+2 +3 +4 +5 +6 — 95 Am 镅▴ $5f^77s^2$ 243.06138(2)✦

- 95 — 原子序数
- Am — 元素符号(红色的为放射性元素)
- 镅▴ — 元素名称(注▴的为人造元素)
- $5f^77s^2$ — 价层电子构型
- 以 $^{12}C=12$ 为基准的原子量(注✦的是半衰期最长同位素的原子量)：243.06138(2)✦

s区元素 | p区元素 | d区元素 | ds区元素 | f区元素 | 稀有气体

周期＼族	1 IA	2 IIA	3 IIIB	4 IVB	5 VB	6 VIB	7 VIIB	8 VIIIB(VIII)	9 VIIIB(VIII)	10 VIIIB(VIII)	11 IB	12 IIB	13 IIIA	14 IVA	15 VA	16 VIA	17 VIIA	18 VIIIA(0)	电子层
1	−1 +1 1 H 氢 $1s^1$ 1.008																	2 He 氦 $1s^2$ 4.002602(2)	K
2	+1 3 Li 锂 $2s^1$ 6.94	+2 4 Be 铍 $2s^2$ 9.0121831(5)											+3 5 B 硼 $2s^22p^1$ 10.81	−4 +2 +4 6 C 碳 $2s^22p^2$ 12.011	−3 −2 −1 +1 +2 +3 +4 +5 7 N 氮 $2s^22p^3$ 14.007	−2 −1 8 O 氧 $2s^22p^4$ 15.999	−1 9 F 氟 $2s^22p^5$ 18.998403163(6)	10 Ne 氖 $2s^22p^6$ 20.1797(6)	L K
3	−1 +1 11 Na 钠 $3s^1$ 22.98976928(2)	+2 12 Mg 镁 $3s^2$ 24.305											+3 13 Al 铝 $3s^23p^1$ 26.9815385(7)	−4 +2 +4 14 Si 硅 $3s^23p^2$ 28.085	−3 −2 +1 +3 +5 15 P 磷 $3s^23p^3$ 30.973761998(5)	−2 +2 +4 +6 16 S 硫 $3s^23p^4$ 32.06	−1 +1 +3 +5 +7 17 Cl 氯 $3s^23p^5$ 35.45	18 Ar 氩 $3s^23p^6$ 39.948(1)	M L K
4	−1 +1 19 K 钾 $4s^1$ 39.0983(1)	+2 20 Ca 钙 $4s^2$ 40.078(4)	+3 21 Sc 钪 $3d^14s^2$ 44.955908(5)	−1 0 +2 +3 +4 22 Ti 钛 $3d^24s^2$ 47.867(1)	0 ±1 +2 +3 +4 +5 23 V 钒 $3d^34s^2$ 50.9415(1)	−3 0 ±1 ±2 +3 +4 +5 +6 24 Cr 铬 $3d^54s^1$ 51.9961(6)	−2 0 ±1 +2 ±3 +4 +5 +6 +7 25 Mn 锰 $3d^54s^2$ 54.938044(3)	−2 0 ±1 +2 +3 +4 +5 +6 26 Fe 铁 $3d^64s^2$ 55.845(2)	0 ±1 +2 +3 +4 +5 27 Co 钴 $3d^74s^2$ 58.933194(4)	0 ±1 +2 +3 +4 28 Ni 镍 $3d^84s^2$ 58.6934(4)	+1 +2 +3 +4 29 Cu 铜 $3d^{10}4s^1$ 63.546(3)	+1 +2 30 Zn 锌 $3d^{10}4s^2$ 65.38(2)	+1 +3 31 Ga 镓 $4s^24p^1$ 69.723(1)	+2 +4 32 Ge 锗 $4s^24p^2$ 72.630(8)	−3 +3 +5 33 As 砷 $4s^24p^3$ 74.921595(6)	−2 +2 +4 +6 34 Se 硒 $4s^24p^4$ 78.971(8)	−1 +1 +3 +5 +7 35 Br 溴 $4s^24p^5$ 79.904	+2 +4 36 Kr 氪 $4s^24p^6$ 83.798(2)	N M L K
5	−1 +1 37 Rb 铷 $5s^1$ 85.4678(3)	+2 38 Sr 锶 $5s^2$ 87.62(1)	+3 39 Y 钇 $4d^15s^2$ 88.90584(2)	+1 +2 +3 +4 40 Zr 锆 $4d^25s^2$ 91.224(2)	0 ±1 +2 +3 +4 +5 41 Nb 铌 $4d^45s^1$ 92.90637(2)	0 ±1 ±2 +3 +4 +5 +6 42 Mo 钼 $4d^55s^1$ 95.95(1)	0 ±1 +2 +3 +4 +5 +6 +7 43 Tc 锝▴ $4d^55s^2$ 97.90721(3)✦	0 +1 ±2 +3 +4 +5 +6 +7 +8 44 Ru 钌 $4d^75s^1$ 101.07(2)	0 ±1 +2 +3 +4 +5 +6 45 Rh 铑 $4d^85s^1$ 102.90550(2)	0 +1 +2 +3 +4 46 Pd 钯 $4d^{10}$ 106.42(1)	+1 +2 +3 47 Ag 银 $4d^{10}5s^1$ 107.8682(2)	+1 +2 48 Cd 镉 $4d^{10}5s^2$ 112.414(4)	+1 +3 49 In 铟 $5s^25p^1$ 114.818(1)	+2 +4 50 Sn 锡 $5s^25p^2$ 118.710(7)	−3 +3 +5 51 Sb 锑 $5s^25p^3$ 121.760(1)	−2 +2 +4 +6 52 Te 碲 $5s^25p^4$ 127.60(3)	−1 +1 +3 +5 +7 53 I 碘 $5s^25p^5$ 126.90447(3)	+2 +4 +6 +8 54 Xe 氙 $5s^25p^6$ 131.293(6)	O N M L K
6	−1 +1 55 Cs 铯 $6s^1$ 132.90545196(6)	+2 56 Ba 钡 $6s^2$ 137.327(7)	57~71 La~Lu 镧系	+1 +2 +3 +4 72 Hf 铪 $5d^26s^2$ 178.49(2)	0 ±1 +2 +3 +4 +5 73 Ta 钽 $5d^36s^2$ 180.94788(2)	0 ±1 ±2 +3 +4 +5 +6 74 W 钨 $5d^46s^2$ 183.84(1)	0 ±1 +2 +3 +4 +5 +6 +7 75 Re 铼 $5d^56s^2$ 186.207(1)	0 +1 +2 +3 +4 +5 +6 +7 +8 76 Os 锇 $5d^66s^2$ 190.23(3)	0 ±1 +2 +3 +4 +5 +6 77 Ir 铱 $5d^76s^2$ 192.217(3)	0 +2 +3 +4 +5 +6 78 Pt 铂 $5d^96s^1$ 195.084(9)	+1 +2 +3 +5 79 Au 金 $5d^{10}6s^1$ 196.966569(5)	+1 +2 +3 80 Hg 汞 $5d^{10}6s^2$ 200.592(3)	+1 +3 81 Tl 铊 $6s^26p^1$ 204.38	+2 +4 82 Pb 铅 $6s^26p^2$ 207.2(1)	−3 +3 +5 83 Bi 铋 $6s^26p^3$ 208.98040(1)	−2 +2 +3 +4 +6 84 Po 钋 $6s^26p^4$ 208.98243(2)✦	±1 +5 +7 85 At 砹 $6s^26p^5$ 209.98715(5)✦	+2 86 Rn 氡 $6s^26p^6$ 222.01758(2)✦	P O N M L K
7	+1 87 Fr 钫▴ $7s^1$ 223.01974(2)✦	+2 88 Ra 镭 $7s^2$ 226.02541(2)✦	89~103 Ac~Lr 锕系	104 Rf 𬬻▴ $6d^27s^2$ 267.122(4)✦	105 Db 𬭊▴ $6d^37s^2$ 270.131(4)✦	106 Sg 𬭳▴ $6d^47s^2$ 269.129(3)✦	107 Bh 𬭛▴ $6d^57s^2$ 270.133(2)✦	108 Hs 𬭶▴ $6d^67s^2$ 270.134(2)✦	109 Mt 鿏▴ $6d^77s^2$ 278.156(5)✦	110 Ds 𫟼▴ 281.165(4)✦	111 Rg 𬬭▴ 281.166(6)✦	112 Cn 鿔▴ 285.177(4)✦	113 Nh 鿭▴ 286.182(5)✦	114 Fl 𫓧▴ 289.190(4)✦	115 Mc 镆▴ 289.194(6)✦	116 Lv 𫟷▴ 293.204(4)✦	117 Ts 鿬▴ 293.208(6)✦	118 Og 鿫▴ 294.214(5)✦	Q P O N M L K

★ 镧系	+3 57 La★ 镧 $5d^16s^2$ 138.90547(7)	+2 +3 +4 58 Ce 铈 $4f^15d^16s^2$ 140.116(1)	+3 +4 59 Pr 镨 $4f^36s^2$ 140.90766(2)	+2 +3 +4 60 Nd 钕 $4f^46s^2$ 144.242(3)	+3 61 Pm 钷▴ $4f^56s^2$ 144.91276(2)✦	+2 +3 62 Sm 钐 $4f^66s^2$ 150.36(2)	+2 +3 63 Eu 铕 $4f^76s^2$ 151.964(1)	+3 64 Gd 钆 $4f^75d^16s^2$ 157.25(3)	+3 +4 65 Tb 铽 $4f^96s^2$ 158.92535(2)	+3 +4 66 Dy 镝 $4f^{10}6s^2$ 162.500(1)	+3 67 Ho 钬 $4f^{11}6s^2$ 164.93033(2)	+3 68 Er 铒 $4f^{12}6s^2$ 167.259(3)	+2 +3 69 Tm 铥 $4f^{13}6s^2$ 168.93422(2)	+2 +3 70 Yb 镱 $4f^{14}6s^2$ 173.045(10)	+3 71 Lu 镥 $4f^{14}5d^16s^2$ 174.9668(1)
★ 锕系	+3 89 Ac★ 锕 $6d^17s^2$ 227.02775(2)✦	+3 +4 90 Th 钍 $6d^27s^2$ 232.0377(4)	+3 +4 +5 91 Pa 镤 $5f^26d^17s^2$ 231.03588(2)	+3 +4 +5 +6 92 U 铀 $5f^36d^17s^2$ 238.02891(3)	+3 +4 +5 +6 +7 93 Np 镎 $5f^46d^17s^2$ 237.04817(2)✦	+3 +4 +5 +6 +7 94 Pu 钚 $5f^67s^2$ 244.06421(4)✦	+2 +3 +4 +5 +6 95 Am 镅▴ $5f^77s^2$ 243.06138(2)✦	+3 +4 96 Cm 锔▴ $5f^76d^17s^2$ 247.07035(3)✦	+3 +4 97 Bk 锫▴ $5f^97s^2$ 247.07031(4)✦	+2 +3 +4 98 Cf 锎▴ $5f^{10}7s^2$ 251.07959(3)✦	+2 +3 99 Es 锿▴ $5f^{11}7s^2$ 252.0830(3)✦	+2 +3 100 Fm 镄▴ $5f^{12}7s^2$ 257.09511(5)✦	+2 +3 101 Md 钔▴ $5f^{13}7s^2$ 258.09843(3)✦	+2 +3 102 No 锘▴ $5f^{14}7s^2$ 259.1010(7)✦	+3 103 Lr 铹▴ $5f^{14}6d^17s^2$ 262.110(2)✦